中餐烹饪示范专业产教融合系列教材

中式烹调技术

主　编　吴子彪　冯智辉　马健雄

重庆大学出版社

内容提要

本书共3个模块、26个项目，主要介绍了中式烹调技术的基础知识和操作技能。本书包括烹调基础知识、原料预制加工和排菜技巧、烹调技法等内容。本书介绍了20个常用烹调技法的知识点和操作技能，包括烹调技法的含义、主要特点、分类、操作要领、品种举例等。本书配有视频和课件等数字资源，并配有二维码，学生扫码即可观看相应的教学视频，起到课前预习、课后复习的作用。本书可以作为职业教育烹饪专业教材，也可以作为烹饪培训用书。

图书在版编目（CIP）数据

中式烹调技术 / 吴子彪, 冯智辉, 马健雄主编. 重庆：重庆大学出版社, 2024.1.-- (中餐烹饪示范专业产教融合系列教材). --ISBN 978-7-5689-4690-2

Ⅰ. TS972.117

中国国家版本馆CIP数据核字第20244BQ172号

中餐烹饪示范专业产教融合系列教材

中式烹调技术

主　编　吴子彪　冯智辉　马健雄

策划编辑：沈　静

责任编辑：沈　静　　版式设计：沈　静

责任校对：邹　忌　　责任印制：张　策

*

重庆大学出版社出版发行

出版人：陈晓阳

社址：重庆市沙坪坝区大学城西路21号

邮编：401331

电话：（023）88617190　88617185（中小学）

传真：（023）88617186　88617166

网址：http：//www.cqup.com.cn

邮箱：fxk@cqup.com.cn（营销中心）

全国新华书店经销

重庆正文印务有限公司印刷

*

开本：787mm×1092mm　1/16　印张：11.25　字数：298千

2024年1月第1版　　2024年1月第1次印刷

印数：1—2 000

ISBN 978-7-5689-4690-2　定价：59.00元

编委会

Foreword 总 序

党的二十大报告指出，“统筹职业教育、高等教育、继续教育协同创新，推进职普融通、产教融合、科教融汇，优化职业教育类型定位”。近年来，在各级政府强力推动和社会积极参与下，产教融合取得了可喜的进展，在促进职业学校转变传统办学观念和办学模式，主动面向、融入、服务和引领地方经济社会发展方面发挥了重要作用。

广州市旅游商务职业学校在2021年被评为广东省高水平中职学校建设单位，其中，中餐烹饪专业群是学校两个高水平专业群之一。广州市旅游商务职业学校烹饪专业至今已有50年的办学历史。多年来，为社会培养了大批工匠型餐饮技能人才，为旅游餐饮业作出了巨大的贡献。

本系列教材为中餐烹饪示范专业产教融合系列教材，分为《中式烹饪基础》《中式原料知识与加工》《中式烹调技术》《中式热菜制作》《中式凉菜与烧卤制作》《中式蔬果雕刻》《中式冷拼制作》《中式果酱画盘饰技艺》《中式点心基础》《中式点心制作》，共10本。本系列教材基于产教融合人才培养模式进行开发，以典型工作任务作为教学内容，服务于行业人才培养需要，同时满足学习者的职业生涯发展需要，是教师教学用的教材，更是学生自主学习的学材，兼具教材和学材的双重属性。教材的设计坚持落实职业教育立德树人根本任务，融入新技术、新工艺、新规范等新内容，以灵活的模块组合与装订形式呈现。教学过程根据教学内容的不同进行合理安排，实现理论学习与实践教学相互融合，学生的学习活动与教师的工作过程相一致，学生的能力培养与就业后的工作岗位需求相统一。注重学生动手操作和实践能力，强调团队合作，鼓励学生探索创新，培养学生创新思维和实践能力。本系列教材的出版，希望能为国家培养出更多追求卓越、精益求精、有较强创新思维和高度职业责任感的新时代工匠，为国家经济发展作贡献。

本系列教材编写团队包括具有一定企业经历的专业教师和来自企业一线

的资深厨师，教师经常到企业进行技术交流和实践锻炼，企业资深厨师受聘担任学校课程指导教师，实现校企双师的互融互通，合作育人，确保教材内容与企业生产实际保持同步。在编写过程中，本系列教材得到我省多个知名餐饮企业、行业专家的大力支持，他们提出了大量具有前瞻性的建议，在此一并表示感谢！

广州市旅游商务职业学校

2022年11月

Preface 前　言

本书在编排上简洁明快，理论知识以提纲式为主，点面结合，精选具有代表意义的菜肴，图文并茂。在教学改革和实践的基础上，将中式烹调技术课程整合，以中式烹调中常用的烹调技术为重点，以厨房生产流程中的原料选择、原料加工等相关工作岗位的任务为引领，以岗位职业能力为依据，根据学生的认知特点，采用按项目任务的方式展示教学内容，让学生熟练掌握中式烹调技术的各项知识和技能，加深学生对中式烹调基础知识的理解，从而培养学生的综合职业能力，满足学生职业生涯发展的需要。

党的二十大报告指出："育人的根本在于立德。"为全面贯彻党的教育方针，落实立德树人根本任务，本书以党的二十大精神为指导，在传统教材的基础上，增加了以下两个方面的内容。

1. 为适应我国现阶段职业教育人才培养的理念和要求，本书在每个项目中增设了素质提升目标，引导学生树立正确的职业道德，培养学生的职业精神和责任意识。

2. 根据《国家职业教育改革实施方案》，本书将配套的视频和课件等作为补充数字资源，并配有二维码，学生通过扫码即可观看相应的教学视频，可以起到课前预习、课后复习的作用。

本书分为3个模块、26个项目，每个项目设有若干个任务来介绍中式烹调技术的相关知识和技能等。本书的编写分工为：吴子彪编写模块3；冯智辉编写模块1；马健雄编写模块2；吴子彪、冯智辉参与本书菜肴制作视频的拍摄；王婉军负责素质提升部分的编写，并参与本书图片调整、视频剪辑、文稿整理等工作。

本书的编写得到了行业专家和学校领导的支持和指导，竹溪饮食集团饮食总监、中国烹饪大师林汉华，新兴家喻饮食有限公司出口总监、中国烹饪大师卢镜泉参与了本书视频的拍摄，对本书提出了宝贵的意见和建议。在此向他们表示衷心的感谢。

由于编者水平有限，书中尚有不足之处，衷心希望读者指出并提出宝贵意见和建议，以便再版时进一步完善。

编　者

2024年1月

Contents 目 录

模块1

烹调基础知识

项目1 烹调概述

【任务描述】

通过了解烹、调、烹调的含义、意义和作用，通过了解烹调起源、发展的过程，以及中式烹调的特点和主要风味流派，学生能够进一步理解烹调技术的基本常识。

【学习目标】

①通过举例，能说出烹调的概念，懂得烹调的作用。
②了解烹调的起源和重大意义。
③了解中式烹调的发展过程。
④了解中式烹调的特点和主要风味流派。

【素质提升】

了解烹调的发展史，深入挖掘中华民族的优秀饮食文化，培养学生的民族自豪感。

一、烹调的含义

烹调是制作菜肴的一门技艺。烹调主要包含烹和调两个方面，两者既是统一的整体，又各自具有不同的内涵。

1. 烹

烹，即加温、加热，是指运用各种加热的手段，使烹饪原料由生至熟，形成具有一定色泽、形状和质感的菜肴的过程。

2. 调

调，即调味，是指运用各种烹饪调味料和各种烹调方法，使菜肴形成一定的滋味、香气和色彩的过程。

3. 烹调

烹调是将加工切配好的原料，通过加热和调味制成菜肴的过程。从广义上来说，烹调包括菜肴制作的全过程。烹调是指菜肴的制作方法和工序，即烹调工艺和烹调技术。

二、烹与调的意义和作用

烹的意义是将原料通过加热变成熟的食物，其作用如下。
①杀菌消毒，保障食用安全。
②分解养分，便于吸收消化。
③产生香气，增强食欲。
④合成滋味，形成复合美味。
⑤增色增美，丰富外观形态。
⑥丰富质感，形成各种质感效果。
调的作用是通过调味，使菜肴从单一的味道变成复合的美味，其作用如下。

①消除原料异味。
②赋予菜肴美味。
③形成菜肴各自的风味效果，丰富口味。
④增添色彩。

学习笔记

三、烹调的起源

1. 烹起源于火的利用

在原始社会，人类的祖先过着“生吞活嚼，茹毛饮血”的生活。在长期的生活实践中，我们的祖先从使用天然发生的火到保留火种，再到发现取火的方法。在火的利用中，我们的祖先渐渐学会了利用火烧煮食物。火的利用使人类进入熟食的文明时代。食用熟食，最终让人从动物中分离出来。

2. 调起源于盐的利用

原始人类进入熟食时期后，在相当长时间里，只知道把食物烧熟食用，这样只能尝到食物的本味。没有经过调味的食物滋味是单调的。生活在海边的原始人类，偶然发现粘上盐粒的食物特别美味。经过长期的生活实践，人们渐渐懂得盐具有增加食物美味的功用，于是，有了最早的调味。食物有了调味，口味就开始变得丰富多彩了。

3. 发明烹调的重大意义

①彻底改变了人类“茹毛饮血”的生活方式。

②烹调的应用可以杀菌消毒，改善营养，为人类体力和智力的发展创造有利的条件。

③烹调的应用扩大了食物的范围，人类迁向平原、岸边居住，脱离与兽为伍的环境，生活起居走向文明。

④烹调的应用使食物得以保存，人类逐渐养成定时饮食的习惯，有更多时间从事生产劳动，生产力得到发展。

⑤烹调技艺的产生和发展逐渐提高了人们的生活质量，孕育并形成灿烂的饮食文化。

四、中式烹调发展的主要时期

1. 萌芽时期：史前时期

这一时期，人们已经有了定居之处，开始饲养牲畜、家禽，种植粮食作物、蔬菜果类等，有了比较充裕的食物。从石器至陶器，工具发生了变化，开始有了炊具，熟食从直接烧烤发展到使用器皿进行烹煮气蒸。人们在日常饮食中，开始运用烹调技术制作食物。

2. 形成时期：夏商周时期

这一时期，中国的烹调技术迅速发展。首先是炊具的发展，进入青铜器时代，陶器更多，质量更好；其次是调味品，已经能够酿制酱油、醋、酒等；再次是出现了专职厨师（庖人），烹调方法也多了；最后，人们懂得了火候与调味是烹调的两大关键。

3. 发展时期：秦汉时期至唐宋时期

铁器的出现、陶器手工业的发展为更精细的烹调技艺创造了条件。香料、蔬菜的传入给中国烹调技术提供了新的原料。烹调技术由“术”向“学”发展，一些烹饪专著相继面世，标志着中国烹调进入全面发展时期。

4. 成熟时期：元明清时期

元明清时期，经济发展，饮食市场繁荣，烹饪饮食更加精美多样，中国烹调技术进入成熟昌盛时期。这一时期的主要标志如下。

①饮食市场繁荣，菜肴品种繁多，客栈酒楼出现。

②山珍海味入馔，注重饮食疗法，出现丰盛的宴席。

③鲁、川、苏、粤四大菜系成为主要菜系，各地方风味形成。

④厨房分工日益细致，原料加工、保藏方法更加先进，烹调技术更加讲究色香味形质。

⑤烹饪著作水平较之前有很大提高。

5. 繁荣时期：近代、现代时期

这一时期着重表现在新中国成立后，尤其是在改革开放后，中国烹饪通过不断创新和开拓，走向新的时代。主要表现在以下几个方面。

①构建了现代中国烹饪体系，一个和传统烹饪不同的现代烹饪体系逐渐建立。

②发展了现代烹饪，为中国烹饪的发展创造了条件。

③形成了现代风味流派，风味流派从内容到形式发生了相应的变化。

④创造了现代饮食文化，文明饮食。现代饮食观念逐渐形成，烹饪受到全社会的重视。作为一种文化，其性质得到全社会的承认。中国烹饪无论是在生产规模的广度和深度，从业人员的教育培训，还是在国内外烹饪交流、技术比赛、著作刊物和有关知识的普及等方面，都得到迅速发展。

【任务作业】

①烹调的出现，对人类社会有哪些重要影响?

②烹和调的意义和作用分别是什么?

项目2 中式烹调的特点和优势

学习笔记

【任务描述】

通过学习，让学生了解中式烹调的特点和优势，为中式烹调技术的学习打下良好的基础。

【学习目标】

①认识中式烹调的历史。
②认识中式烹调的技术特点。
③了解中式烹调的艺术特点。
④了解中式烹调的主要风味流派。
⑤了解中式烹调的主要优势。

【素质目标】

弘扬传统饮食文化，培养学生的文化自信和民族自豪感，增强学生对烹调行业的认同感。

一、中式烹调的特点

1. 历史悠久

中式烹调从最初的火烹开始，历经陶烹、铜烹、铁烹等多个发展阶段，在漫长的发展历程中，不断地实验、实践，又不断地筛选、优选，烹调技术由粗放到精致，由简单到复杂，逐渐形成具有中华民族特色的饮食保健体系、独树一帜的药食同源理论和精湛绝伦的烹调加工工艺。

2. 原料品种众多

中式烹调使用的烹饪原料，可以分为主料、配料、调味料、佐料等几类，总数在1万种以上，常用的有3000种左右，使用的烹饪原料数量非常多。现在，通过动物的驯化和养殖、植物的培育等方式，为烹饪原料增添了新的内容。

3. 刀工技艺精湛

针对烹饪原料的不同性质、不同要求，厨师可以通过各种刀工技巧将烹调原料切成丁、丝、粒、片、球、块、脯、件、条、段、松、蓉、花等刀工型格。对某些菜肴，可以通过特殊的刀工技术处理，切成各种造型美观的样式。某些脆嫩的烹饪原料，可以运用剞花刀法，如麦穗花刀、荔枝花刀、菊花花刀等。剞花刀的工艺技术，是中式烹调闻名世界的特色之一，使中式烹调制作出来的菜肴具有艺术境界。

4. 烹调技法多样

中式烹调技法种类非常多。如采用水烹制方法有汆、焯、煮、炖、烧、焖、涮、氽、煨等；采用火烹制方法有烤、炙、炮、熏、烘等；采用油烹制方法有炸、煎、贴、煸、熘、烹、爆、炒等；采用蒸气烹制方法有蒸、焗等。此外，还有其他烹制方法，如拌、醉、糟、蜜汁、糖渍等。

5. 讲究味道

“民以食为天，食以味为先”体现了中国人以味为核心的饮食观念。同时，讲究“五味”的调和，认为只有五味调和，才能达到“有味使之出，无味使之入”的境界。

6. 注重火候

要使烹饪原料的味道呈现最佳状态，烹调时必须讲究火候。火候是指烹制菜肴时控制用火时间长短和用火火力大小的技能。火候是使菜肴味道趋于完美的最佳途径。想要达到“有味使之出，无味使之入”的境界，除了调味料的使用，控制火候是非常重要的手段。在烹饪行业，通常按照大小将火力分为猛火（武火）、中火（文武火）、慢火（文火）3种。用火烹制食物时，根据烹饪原料和烹制菜肴的不同需求，分别使用不同的火候。

7. 风味流派众多

风味流派以地域划分为主，称为地方风味流派，也称地方菜系。

四大菜系：鲁菜、川菜、淮扬菜、粤菜。

8. 注重饮食养生

《黄帝内经》记载：“五谷为养，五果为助，五畜为益，五菜为充。”“养助益充”的观点一直是中式烹调遵循的理论基础之一。中国人的膳食结构属于典型的东方膳食结构，以植物性原料谷类食物为主，以蔬菜和肉制品等副食为辅，是主副食分开的膳食结构。在合理膳食结构的基础上，中式烹调追求饮食养生，通过饮食原料搭配、烹调技术以及不同味型，人们不仅从饮食中得到色、香、味等丰富多彩的感官享受，还达到了养生保健的效果。

9. 盛器精美

中式烹调不仅注重菜肴的精美，对菜肴的盛装器皿也很讲究，还有“美食不如美器”的说法。从中式烹调发展历史来看，菜肴盛装器皿的材质有新石器时期的陶器制品，青铜器时期的青铜制品，以及玉器、金器、银器、瓷器等，还出现了一些特型的盛装器皿，如鱼盘、汤盘等。不同的菜肴采用不同的盛器，有些盛装器皿还在盘子的边缘绘有各种各样精美的图案，使菜肴和盛装器皿相映成趣。

二、中式烹调的优势

1. 文化优势

中式烹调是技术、科学和艺术高度结合的产物，是物质文明和精神文明的结晶。中国历代食经、食典以及烹饪著述数量很多。中式烹饪文化，具有鲜明的民族特征，从烹饪原料的选择与加工、餐饮器具的发明与创造、烹调方法的改进与提高、食品品种的增加与丰富、饮食生活的演进以及衍生出的众多习俗与礼仪，构成了中式烹饪文化的深厚底蕴。

2. 社会优势

在几千年发展的历史长河中，今天的中式烹饪遇到了历史上最好的发展时机。新中国成立后，特别是改革开放以来，党和国家比以往任何时候更加重视烹饪事业的发展，形成了良好的发展中式烹饪的社会环境。烹饪教育得到了迅速发展，兴办了各种烹饪培训学校和培训机构，出版了很多烹饪专业的杂志、报纸、书籍。烹饪从业人员的工作环境不断改善，福利待遇不断提高，经济地位和社会地位发生了显著变化。

3. 市场优势

随着人们生活水平的提高，对“吃”的要求也越来越高。丰富多彩、品种繁多、风味各异的中式烹饪菜肴，满足了人们的不同需求，受到国内外消费者的欢迎和喜爱。随着经济的发展和人们生活水平的提高，饮食已由温饱型向营养型转变。饮食市场非常活跃，饭店、餐馆林立，食摊、夜市兴旺，为广大的人民群众提供了多层次、多品类的饮食享受。

【任务作业】

①中式烹调有哪些特点?

②中式烹调的刀工成形规格有哪些?

③中式烹调的技法有哪些?

④中式烹调的风味流派有哪些?

模块2

原料预制加工和排菜技巧

项目1 原料初步熟处理技术

学习笔记

【任务描述】

在中餐厨房打荷岗位中，原料初步熟处理技术，属于打荷岗位的核心工作内容。掌握好这些知识和技能，对提高菜肴制作的效率和成品质量，能够起到良好的促进作用。

【学习目标】

①掌握原料初步熟处理技术的主要内容。
②掌握原料飞水技术。
③掌握原料滚煨技术。
④掌握原料半成品炸法技术。

【素质提升】

培养学生吃苦耐劳、不怕困难、精益求精的精神。

一、烹饪原料的初步熟处理

烹饪原料初步熟处理是根据成品菜肴制作要求，在正式烹调前运用水、油、蒸气等传热介质对加工后的原料进行加热，使其达到半熟或成熟的状态，以方便以后烹制的预加热过程。

烹饪原料初步熟处理的作用如下。

①烹饪原料初步熟处理是菜肴正式烹调前的一个重要环节。

②烹饪原料初步熟处理为正式烹制菜肴做好前期的预制准备，缩短菜肴烹制的时间，为菜肴烹制打下基础。

③烹饪原料初步熟处理直接关系到成品菜肴的质量。

二、原料初步熟处理的操作方法

1. 飞水

飞水，又称出水、水锅，是指把经过加工的原料，放入猛火加热至滚的清水中，短时间内加热的过程。

（1）飞水的作用（目的）

①去除肉料的血水、黏液、异味。

②使蔬菜色泽保持鲜艳。

③去除原料中的部分水分，使其收缩定型。

（2）飞水的操作要领

①把握原料飞水的目的（作用）。

②猛火加热清水，水滚下料，不要求至熟，达到目的便可。

③根据原料的不同性质，掌握飞水的水量、温度、时间。

（3）飞水的操作应用

①动物内脏原料的飞水。

②一般肉料的飞水。

③鲜鱿鱼、黄鳝片的飞水。

2. 滚

滚是将原料放入量较大的水中加热一定的时间并成熟的过程。

（1）滚的作用（目的）

①使原料至熟，或达到一定的程度，方便烹制。

②去除原料中较重的异味。

③防止原料变质，方便原料保管。

（2）滚的操作要领

①一般使用猛火，加热时间视原料性质和目的而定。

②可以冷水落料，多数是水滚后落料（即冷水滚和热水滚）。

③部分原料滚时要加味或加油。

④可以反复换水滚。

（3）滚的操作应用

①滚笋、滚鲜菇、滚西兰花等。

②滚剩汤（芡汤、上汤等）。

③滚熟料（炸面筋、斋料等）。

3. 炟

炟，就是将原料放在加了油或食用碱的滚水中，猛火加热，使其青绿、焓滑或去衣去皮的加热过程。

（1）炟的作用（目的）

①使绿色的蔬菜原料更加青绿。

②使原料变软，变焓。

③使有衣的原料（果仁）去衣，易松脆。

④使米粉、面制品松散，变软。

（2）炟的操作要领

①清水与食用碱呈一定的比例。

②炟的过程要用猛火，水大滚后下料，掌握炟的时间。

③炟后的原料要漂水，以便迅速冷却并去除碱味。

（3）炟的操作应用

①炟凉瓜。加入5千克清水，加入70克碱水（纯碱减半），猛火加热至大滚，放入经加工处理后的凉瓜，炟约2分钟至凉瓜软焓、青绿，迅速捞起漂清水，取起，滤干水即成。

②炟面。猛火将清水加热至滚，放入面饼、生面、湿面，猛火炟至面软身，捞起，用清水漂冷即成。

4. 煨

煨，即猛火烧熟铁镬，下少量油，放入姜、葱爆透，溅酒，加入二汤，调味，稍滚后去掉姜葱，加入原料煨一定时间，使其入味的加热过程。

（1）煨的作用（目的）

①增加原料的滋味（如鲜味、咸味）。

②增加原料的香味。

③进一步去除原料的异味。

（2）煨的操作要领

①猛火烧镬下油，将姜葱爆香后溅酒。

②加入二汤滚透姜葱，去掉姜葱。

③加入味料，原料加热一定时间，视原料性质定。

（3）煨的操作应用

①煨鱼肚（海参、鱼翅）。

②煨鲜菇。

5. 炸

作为原料初步熟处理的炸，是将原料放入较高油温的食用油中加热至香脆，着色并成熟的过程。

（1）炸的作用（目的）

①使原料香酥脆（如炸果仁）。

②使原料着色（如炸扣肉）。

③使原料涨发（如炸鱼肚）。

④使原料定型，快熟易炝，增香等（如炸雀巢、炸瓜脯、炸芋头等）。

（2）炸的操作要领

①掌握原料的性质和炸的目的。

②掌握好炸的油温，以及原料受热的程度（时间）。

③掌握原料炸的质量要求。

④注意安全。

（3）炸的操作应用

①炸腰果（核桃仁、榄仁、花生仁）。水中加盐，将腰果滚透（可换水滚），倒起滤清水，下油加热至180 ℃，逐渐放入腰果，浸炸（一边炸一边翻动），至腰果呈金黄色、松脆，提高油温，迅速捞起，摊开，滤干油。

②炸扣肉。将原件带皮五花肉放入水中，中火煲至七成炝（软烂），取出上老抽色，皮面打针，烧油至约240 ℃，放入猪肉（用笊篱托住、皮向下），炸至大红色，捞起，滤干油，漂水冷却（炸凤爪等基本相同）。

【任务作业】

①原料初步熟处理主要包括哪些内容?

②动物内脏为什么需要飞水?

③怎样灼制凉瓜?

④半制成品的炸主要包括哪些内容?

项目2 原料上粉上浆技术

【任务描述】

在中餐厨房打荷岗位中，原料上粉上浆技术，属于打荷岗位的核心工作内容。掌握好这些知识和技能，对提高菜肴制作的效率和成品质量，能够起到良好的促进作用。

【学习目标】

①掌握原料上粉上浆的内容。
②掌握原料上粉技术。
③掌握原料上浆技术。

【素质提升】

培养学生爱岗敬业、吃苦耐劳的精神，夯实学生的基本功。

一、上粉

粉，是指各种淀粉。常用的上粉，多使用生粉、糯米粉或面包糠。上粉，就是让原料均匀地粘上一层淀粉的操作过程。

1. 上粉的作用

①使成品达到某一种质感的效果，如香、酥、脆等。
②使成品色泽金黄，着色均匀。
③保护原料成分不易损失。
④使原料形成一定的形状要求。

2. 常用的"四粉"

（1）上干粉

方法：原料腌味→直接在表面粘上一层干生粉→翻炒后用于炸。

要求：上粉均匀，厚薄适度，不要脱粉，炸后金黄色，硬身。

实例：红焖鱼块的上粉，上粉后炸至金黄色，硬身用于炸焖。

（2）上湿干粉（又称蛋湿干粉、酥炸粉）

方法：原料腌味→下鸡蛋、生粉拌匀→粘上一层干生粉→翻炒后用于炸。

要求：上粉均匀，厚薄合适，炸后金黄色，有一定涨发，香、酥、脆。上粉厚薄应视原料品种不同而定。

实例：咕噜肉、生炒骨、松子鱼、菊花鱼等。

（3）上吉列粉

方法：原料腌制→原料上鸡蛋浆→粘上一层面包糠→稍压实→用于炸。

要求：鸡蛋浆可以用净鸡蛋，也可以加入少许生粉调匀，上粉均匀，不脱粉（面包糠）炸至金黄色、酥脆。

实例：吉列鱼块、吉列虾球、吉列海鲜卷等。

（4）上半煎炸粉

方法：原料腌制→原料与鸡蛋、生粉拌匀→粘上一层薄薄的干生粉→用于半煎炸。

要求：上粉均匀、厚薄合度、先煎后炸、内软外硬、焦香、金红色，也可以全炸，金黄色，身较硬微酥脆。

实例：猪扒、鸡脯、软鸭等。

二、上浆

浆，是由粉状原料与液状原料调成的糊状物。上浆，就是使原料挂上这种糊状物的操作过程。

1. 上浆的作用（目的）

①使成品达到某一种质感的效果（如香脆、酥化）。

②使原料涨发，形成一定的形状。

③使成品色泽金黄，着色均匀。

④保护原料成分不易损失。

2. 常用的“三浆”

（1）脆浆

①有种脆浆（又称慢浆）。

原料配方：面粉（低筋）375克，发面种75克，生粉75克，马蹄粉60克，精盐10克，枧水10克，生油160克，清水600克。

调制：将各种粉、面种、精盐和匀，加入清水、生油，调成浆状体，静置发酵4小时。待起发后，加入枧水中和酸性，静置15分钟后可以使用。原料均匀上浆后一般用于炸制。

要求：涨发，外形圆滑，金黄色，松化酥脆。

②发粉脆浆（又称急浆）。

原料配方：面粉（低筋）500克，生粉100克，发粉20克，精盐6克，生油180克，清水600克。

调制：将面粉、生粉、发粉、精盐和匀，加入清水、生油调成浆状体，静置约30分钟可以使用。原料均匀上浆后一般用于炸制。

要求：涨发，外形圆滑，金黄色，松化酥脆。

③脆浆调浆要领。各种原料的分量合适；调制时，不要调出面筋，不能有粉粒，讲究调制手法；掌握浆的稀稠度，不同品种，浆的稀稠度不同。

实例：脆炸鱼条、脆炸直虾、脆炸牛奶。

（2）窝贴浆

原料配方：鸡蛋液100克，干生粉100克。

调制：将鸡蛋液与干生粉和匀，呈浆体，没有粉粒。鸡蛋液最好蛋黄多蛋白少，一般将原料上浆后用于半煎炸。

要求：匀滑，没有粉粒，炸至金黄色，香酥、微脆。

实例：窝贴鱼块、窝贴明虾。

(3)蛋白稀浆

原料配方：鸡蛋清100克，湿生粉50克。

调制：将鸡蛋清打散，加入湿生粉调匀即成。一般即调即用，原料上浆后用于炸。

要求：浅金黄色(又称象牙色)、香酥脆、有珍珠色和丝状物。

实例：酥炸虾盒、酥炸腐皮盒。

【任务作业】

①原料上粉上浆主要包括哪些内容?

②什么是“四粉”? 如何调制?

③什么是“三浆”? 如何调制?

④脆皮糖浆主要适用于制作哪些菜肴?

项目3 烹调前的原料造型技术

【任务描述】

在中餐厨房打荷岗位中，烹调前的原料造型技术，属于打荷岗位的核心工作内容。掌握好这些知识和技能，对提高菜肴制作的效率和成品质量，能够起到良好的促进作用。

学习笔记

【学习目标】

①掌握原料烹调前造型技术的内容。
②掌握原料包、穿、卷技术。
③掌握原料酿、挤、贴技术。

【素质提升】

培养学生勤学苦练、精益求精和勇于创新的精神。

一、包

方法：用宽大、软薄的原料（腐皮、薄饼、糯米纸、蛋皮、锡纸、玉扣纸、植物叶子等）将主料（馅料、腌味的肉料）折叠包裹。一般用于煎、炸、焗、蒸。

要求：整齐划一，不能露馅，包裹紧密，不能松散。一般有长方形、角形、圆筒形。

实例：三丝卷、海鲜卷、纸包鸡、腐皮卷、盐焗鸡、荷叶田鸡等。

二、穿

方法：将某些原料切成条形、粗丝形，穿入另一种主料（肉料）的孔洞中，使其成为一个整体的造型方法。

要求：成品要牢固，不能松脱，两种原料的大小、长短、色泽要协调、美观。

实例：穿鸡翅、穿田鸡腿、穿带子等。用于穿的原料多为火腿、瘦叉烧、笋、菜远等。

三、卷

方法：用较薄、较宽阔、质软的原料将馅料（或条状、丝状的原料）卷成圆筒状的造型方法。

要求：成品紧密，不松散，形状大小、长短均匀。形状大小视菜肴要求而定。

实例：生鱼卷、肉眼卷、蛋皮卷、冬瓜卷、包菜卷等。

四、酿

方法：将馅料（多为胶馅原料）填酿在另一种原料中，使其成为一个完整的、造型美观的原料的方法，一般适用于蒸酿或煎酿。

要求：成品要结合紧密，不能松脱，酿面平滑，形状、大小均匀。形状应视菜肴的要求而定，一般有圆形、半月形、琵琶形、扇形、日字形、环形等。

实例：酿冬菇（圆形）、酿笈笋（半月形）、酿鸭掌（琵琶形）、酿虾扇（扇形）、酿鱼肚（日字形）、酿凉瓜（环形）。

五、挤

方法：将馅料（为胶馅或蓉馅）置于手掌心中，将手掌合起。通过挤压，将馅料从拇指与食指之间挤出，然后用汤匙挖出，使其呈圆形或橄榄形的造型。

要求：成形大小均匀，形状圆滑美观，大小适度。

实例：挤鱼丸、虾丸、肉丸、鱼青丸、虾脯、鱼青脯等。可以挤入水中或油中，然后用水或油加热成熟；也可以直接挤在器皿上，用蒸气加热成熟。

六、贴

方法：两种或两种以上不同的原料上窝贴浆后，整齐相叠在一起形成整体的造型，一般用于窝贴类品种的造型。

要求：原料要叠整齐，大小要相同，浆要适合。成型原料应粘上一层薄干生粉，方便定型，不粘碟。

实例：窝贴鱼块、窝贴明虾、窝贴鲈鱼夹等。两件原料叫贴，三件原料叫夹，四件和四件原料以上叫千层。

【任务作业】

①原料烹调前，造型主要包括哪些内容?
②用作穿的原料一般有哪些?
③酿馅料要注意哪些问题?
④如何区分贴、夹、千层?

项目4 宴席排菜技术

学习笔记

【任务描述】

在中餐厨房打荷岗位中，宴席排菜技术，属于打荷岗位的核心工作内容。掌握好这些知识和技能，对提高宴席菜肴制作的效率和成品质量，能够起到良好的促进作用。

【学习目标】

①掌握宴席排菜技术的内容。
②了解合理上菜的意义。
③掌握合理上菜的原则。

【素质提升】

弘扬工匠精神，引导学生敬业、精益、专注、创新。

一、宴席排菜的含义

排菜，是指安排上菜，就是将已经配好的宴席菜或宴席菜的原料做好准备，按次序放置在荷台上，根据合理的上菜次序安排给后镬人员迅速、有序、逐一烹制的操作过程。

二、宴席合理安排上菜的意义

合理安排上菜是宴席排菜技巧的关键，要求安排上菜的次序符合人们进食时口味的变化，符合地方的风俗习惯和礼仪，符合就餐者的需要，使宴席菜肴烹制上菜迅速，有节奏，有次序。宴席合理安排上菜具有以下意义（作用）。

①宴席上菜具有一定的节奏感，可以保证宴会协调、顺畅地进行。

②可以满足宾客的味觉享受。

③确保菜肴的质量不受影响。

④厨房生产秩序流畅，提高生产效率。

三、宴席安排上菜的一般原则

①掌握宴席上菜的先后次序

A. 先冷后热。

B. 先菜后点（主食）。

C. 先咸鲜后酸甜。

D. 先清淡后浓郁。

E. 先炒泡后煎炸。

F. 先优质后一般。

②注意不同菜肴的主料、烹调方法、色香味形质之间相互间隔。

③根据宴席性质、客人进餐情况和客人要求控制上菜的速度和节奏。

④把住菜肴出品的质量关，不符合规格、不符合质量标准的菜肴不能出菜。

四、宴席安排上菜应注意的问题

①不同宴席的同类菜肴是否可以合烹。同类菜肴合烹能够提高生产效率和出菜速度，但以下情况一般不宜合烹。

A. 未到上菜时间的菜肴不宜合烹。

B. 有特殊口味要求的菜不宜合烹。

C. 数量较大，合烹会影响质量的菜肴不宜合烹。

D. 名贵高档的菜肴不宜合烹。

E. 重点接待的菜肴不宜合烹。

F. 制作后，难分开的菜肴不宜合烹。

②区别佐酒菜与下饭菜上菜的先后。

③区别一般菜与急需菜上菜的先后。

④区别需要加重和减轻口味的菜肴，应严格区分并提醒后镬人员注意。

⑤区别零点小菜、套菜、宴席菜的上菜要求。

⑥上菜前应做好“三跟”工作。

A. 跟单检查主配原料是否配备齐全。

B. 所用器具、碗碟是否跟齐。

C. 佐味料及所需用料是否跟齐。

⑦与厅面服务人员、切配人员、后镬人员密切配合，及时沟通，妥善安排，灵活协调，把好质量。

【任务作业】

①宴席合理安排上菜有哪些意义?

②宴席合理安排上菜有哪些原则?

③宴席安排上菜应注意哪些问题?

模块 3

烹调技法

项目1 烹调技法：蒸

【任务描述】

在中餐厨房上杂岗位中，烹调技法中蒸的技术，属于上杂岗位的核心工作内容。要重点掌握蒸的制作原理、蒸制方法、原料配搭、火候运用、调味方式、操作要领、菜肴品种的变化等。

【学习目标】

①了解蒸的原理。
②了解蒸制菜肴的特点。
③掌握蒸制菜肴的火候。
④掌握蒸制的调味技术。

【素质提升】

培养学生不畏艰辛的工作态度，刻苦钻研的探索精神。

一、蒸的含义

蒸，是指将刀工处理后的原料，调味后，平放在器皿上（或摆砌造型），放进蒸笼或蒸柜内密封，运用水蒸气传热至原料成熟的烹调方法。

二、蒸的主要特点

①使用广泛，操作较为简便，适用于各类原料及原料的预制。
②蒸气传热加温，根据不同原料性质，使用不同的火候。
③先调味后加热，加热过程中不能调味。
④品种烹制，一般以刚熟为度。
⑤能较好地保持原料的水分、原味、原色、型格等。

三、蒸的分类

烹调法蒸一般按照适用火力的大小来划分，可分为猛火蒸、中火蒸、慢火蒸，以原料性质决定所采用的火候。

四、不同火候蒸法的特点

1. 猛火

蒸气猛烈，温度较高，适用于水产原料、胶馅类原料，成品色鲜、质嫩滑或爽滑，有弹性，味鲜美。

2. 中火

蒸气充足，温度尚高，适用于禽畜肉料，能使成品色泽鲜明，口感嫩滑，味道鲜美。

学习笔记

3. 慢火

蒸气较弱，温度不高，适用于蛋类原料，使成品色鲜、质滑。

五、蒸的操作要领

①水量要充足。
②根据原料性质或菜品要求，调节好火力，控制蒸气量。
③根据原料性质、大小、厚薄，控制加热时间，掌握熟度。
④原料在碟上的放置要厚薄均匀，较大的原料要稍垫起。

【任务作业】

①蒸的含义是什么?
②蒸的主要特点是什么?
③不同的火候各适用于蒸制哪些原料? 为什么?
④蒸的操作要领是什么?

六、蒸的品种举例

猛火：清蒸鲩鱼

【任务准备】

原料准备：鲩鱼1条（约1000克），肉丝50克，菇丝25克，姜丝15克，葱丝20克，葱条2条，精盐10克，味精7.5克，麻油2克，胡椒粉0.5克，绍酒10克，淡汤250克，湿粉25克，食用油100克（图3.1）。

图3.1

【任务实施】

①将鲩鱼打鳞，去鳃，直刀开肚取内脏，刮净黑膜和血污，洗净，滤干水（图3.2）。

②碟面放葱条，用盐、味精擦匀鲩鱼内外，姜丝、菇丝、肉丝调味后用生粉拌匀，和葱条一起铺在鲩鱼身上，淋少许生油在鱼面（图3.3）。

③将鲩鱼放入蒸柜，猛火加温，蒸至刚熟，取出（图3.4）。

④去掉葱条，倒出鱼汁，撒上胡椒粉、葱丝，将食用油加至210 ℃，淋在鱼身上。（图3.5）

⑤利用镬中的余油、溅酒，放入淡汤，调味，微滚推入芡粉，加入尾油和匀，淋在鱼身上即成（图3.6）。

图3.2

图3.3

图3.4

图3.5

图3.6

【技术要领】

①宰鱼时，直刀开肚取脏，刮清黑膜血污。

②用葱条垫底，便于蒸气对流，易熟，且增香去腥，易于转碟。

③猛火蒸制，蒸至刚熟（用筷子从背部能轻轻插入）。

④芡色要清，味鲜，稀稠合适。

【质量要求、烹调应用】

①质量要求：肉质嫩滑，芡清味鲜。

②烹调应用：清蒸鲈鱼、清蒸鳜鱼。

【任务评价】

主要原料	菜肴名称	评价要求	配分	得分
鲩鱼、肉丝、菇丝、姜丝、葱丝等	清蒸鲩鱼	1. 准备好加工所需的工用具	5	
		2. 工衣、围裙、工帽、工鞋洁净，穿着规范	10	
		3. 选料合理，原料配搭合理	15	
		4. 刀工规格正确，操作熟练，成率符合要求	25	

学习笔记

续表

主要原料	菜肴名称	评价要求	配分	得分
鲩鱼、肉丝、菇丝、姜丝、葱丝等	清蒸鲩鱼	5. 菜肴成品芡色、味道、造型符合要求	25	
		6. 操作符合卫生要求	10	
		7. 在规定时间内完成任务	10	
得分			100	

【任务作业】

完成实训报告。

【任务视频】

任务视频

中火：豉汁蒸排骨

【任务准备】

原料准备：排骨400克，豆豉5克，蒜蓉5克，老抽10克，精盐4克，味精5克，食用油10克，葱段10克，白糖0.5克，干生粉10克（图3.7）。

图3.7

【任务实施】

①将排骨斩成日字形，漂水处理，滤干水（图3.8）。

②将料头（葱段除外）、各种调味料、干淀粉放入拌匀，平铺于碟上，淋少许生油（图3.9）。

③放入蒸柜内，用中火加温至熟，放入葱段后即成（图3.10）。

图3.8

图3.9

图3.10

【技术要领】

①排骨斩件均匀，血污漂洗干净。

②调味要准确，注意掌握色泽和芡粉。

③火候合适。

【质量要求、烹调应用】

①质量要求：嫩滑有汁，有豉汁的香浓风味，芡、色、味俱佳。

②烹调应用：清蒸滑鸡、梅菜蒸肉饼。

【任务评价】

主要原料	菜肴名称	评价要求	配分	得分
排骨、蒜蓉、豆豉、葱段等	豉汁蒸排骨	1. 准备好加工所需的工用具	5	
		2. 工衣、围裙、工帽、工鞋洁净，穿着规范	10	
		3. 选料合理，原料配搭合理	15	
		4. 刀工规格正确，操作熟练，成率符合要求	25	
		5. 菜肴成品芡色、味道、造型符合要求	25	
		6. 操作符合卫生要求	10	
		7. 在规定时间内完成任务	10	
得分			100	

【任务作业】

完成实训报告。

学习笔记

【任务视频】

任务视频

慢火：鱼片蒸蛋

【任务准备】

原料准备：净鸡蛋200克，淡汤300克，食用油40克，鲩鱼200克，精盐10克，味精1克，麻油1克，胡椒粉0.1克，生抽15克，葱花10克（图3.11）。

图3.11

【任务实施】

①将鲩鱼切成厚约2毫米的鱼片，将葱切成葱花（图3.12）。

②在鱼片中加入精盐、麻油、胡椒粉、食用油拌匀（图3.13）。

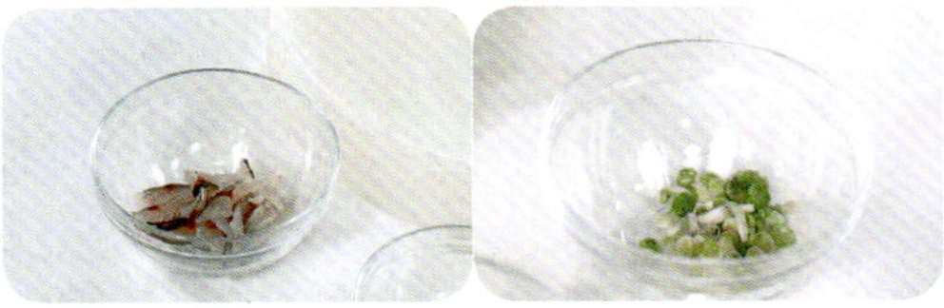

图3.12

图3.13

③在鸡蛋液中加入淡汤、精盐、味精拌匀，撇去泡沫后倒入深碟中（图3.14）。

④将鸡蛋液放入蒸柜中，用慢火蒸至八成熟后，放入鱼片、葱花，铺在蛋面上（图3.15）。

⑤以慢火蒸至熟，取出，淋上生抽、熟油即成（图3.16）。

图3.14

图3.15

图3.16

【技术要领】

①鱼肉、鸡蛋要新鲜。
②鸡蛋液和淡汤的调配比例要合适。
③使用慢火蒸制。
④铺放鱼片、葱花时，鸡蛋液的熟度要掌握好。

【质量要求、烹调应用】

①质量要求：表面平整，蒸蛋口感嫩滑，鱼片味鲜。
②烹调应用：虾米粉丝蒸蛋、蒸三色蛋。

【任务评价】

主要原料	菜肴名称	评价要求	配分	得分
净鸡蛋、淡汤、鲩鱼、葱花等	鱼片蒸蛋	1. 准备好加工所需的工用具	5	
		2. 工衣、围裙、工帽、工鞋洁净，穿着规范	10	
		3. 选料合理，原料配搭合理	15	
		4. 刀工规格正确，操作熟练，成率符合要求	25	
		5. 菜肴成品芡色、味道、造型符合要求	25	
		6. 操作符合卫生要求	10	
		7. 在规定时间内完成任务	10	
得分			100	

【任务作业】

完成实训报告。

【任务视频】

任务视频

学习笔记

项目2 烹调技法：炖

【任务描述】

在中餐厨房上杂岗位中，烹调法炖的技术，属于上杂岗位的核心工作内容。要重点掌握炖的制作原理、炖制方法、原料配搭、火候运用、调味方式、操作要领、菜肴品种的变化等。

【学习目标】

①了解炖的原理。
②了解炖制菜肴的特点。
③掌握炖制菜肴的火候。
④掌握炖制的调味技术。

【素质提升】

培养学生认真专注的学习态度，提升学生的职业道德。

一、炖的含义

炖，是指将经过处理的原材料放入炖盅内，加入经初步调味的汤水或沸水，加盖，运用水蒸气长时间加热成为炖汤的烹调方法。

二、炖的主要特点

①以各类肉料为主，有适量配料或药材。

②原料可以是原只、原条或碎件。

③蒸气传热加温，使用中火或慢火，加温时间较长。通常视原材料性质而定，一般需要1小时以上。

④汤水与原材料的比例以汤水浸过原料面以上为原则。加温前调味与加温后调味相结合。

⑤成品为汤菜，以汤为主，汤清，味鲜而香浓，本味突出，原料软烂，有滋补效果。

三、炖的分类

炖的烹调法可分为原炖法和分炖法两种。

原炖法又称合盅炖，是指各种原料经分别处理后，同放于一炖盅，一同炖制至成品的方法。

分炖法又称分盅炖，是指各种原料经分别处理后，不同性质的原料分为几盅炖制，炖好后，再合盅炖制的方法。

学习笔记

四、不同炖法的特点

1. 原炖法

①制作简便。

②原汤、原色、原味。

③汤较浊不易掌握汤色，串色串味。

④不能按不同原料分别掌握炖的时间。

⑤不注重造型。

2. 分炖法

①汤清易掌握汤色，原料不会串色串味。

②不同原料，可以分别掌握不同的炖制时间。

③注重造型，比较美观。

④操作流程较为烦琐，适合较高档次的炖品。

五、炖的操作要领

①掌握不同原料的处理方法。

②掌握各种原料和汤水的比例。

③中药材药理性能的认识和搭配。

④禽类原料适宜开背炖制。

⑤调味不宜过重。

【任务作业】

①炖的含义是什么?

②炖的主要特点有哪些?

③原炖法和分炖法有哪些不同?

④炖的操作要领是什么?

六、炖的品种举例

原炖：淮山杞子炖乳鸽

【任务准备】

原料准备：乳鸽1只（约300克），枚肉方粒100克，火腿方粒10克，淮山15克，杞子7.5克，姜片10克，葱条10克，精盐3克，味精3.5克，绍酒10克，淡汤500克（图3.17）。

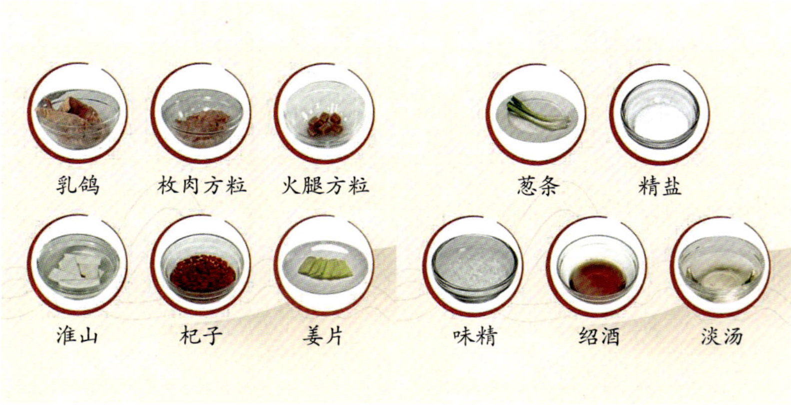

图3.17

【任务实施】

①将乳鸽从背脊至尾部切开，去肺，洗净，腿骨、翅骨敲断。将淮山、杞子洗净，浸泡（图3.18～图3.20）。

②烧沸水，放入乳鸽、枚肉方粒"飞水"，冲洗干净，滤干水（图3.21）。

③将淮山、杞子、枚肉方粒、乳鸽依次放入炖盅内，用牙签将姜片、葱条串起，倒入绍酒。将淡汤烧开，调入精盐、味精，倒入炖盅内，以浸过原料面以上为度，加盖（图3.22）。

④将炖盅放入蒸柜内，炖约2小时至乳鸽软烂。取出，去掉姜葱，撇去浮油，原盅上席（图3.23）。

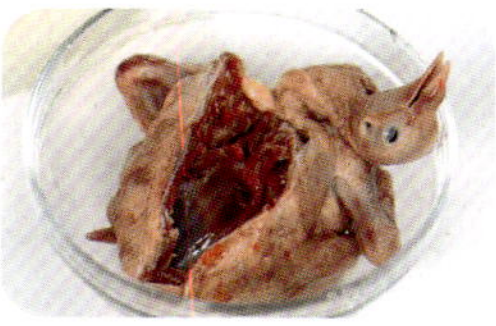
图3,18

图3.19

图3.20

图3.21

图3.22

图3.23

【技术要领】

①炖原只禽鸟要开背，并敲断四柱骨（也可碎件炖）。

②肉料"飞水"去清血水，洗净。

③汤水一定要浸过原料面以上，调味不宜过重。

④炖制时间约2小时，炖老鸽需要2小时以上。

【质量要求、烹调应用】

①质量要求：汤清味鲜，肉质软烂，清润滋补。
②烹调应用：淮山元肉杞子炖牛展、花旗参炖鸡。

【任务评价】

主要原料	菜肴名称	评价要求	配分	得分
乳鸽、淮山、杞子、枚肉方粒、火腿方粒、姜片、葱条等	淮山杞子炖乳鸽	1. 准备好加工所需的工用具	5	
		2. 工衣、围裙、工帽、工鞋洁净，穿着规范	10	
		3. 选料合理，原料配搭合理	15	
		4. 刀工规格正确，操作熟练，成率符合要求	25	
		5. 菜肴成品芡色、味道、造型符合要求	25	
		6. 操作符合卫生要求	10	
		7. 在规定时间内完成任务	10	
得分			100	

【任务作业】

完成实训报告。

【任务视频】

任务视频

分炖：杏元凤爪炖水鱼

【任务准备】

原料准备：水鱼（甲鱼）1只（约重600克），凤爪6对，元肉10

学习笔记

克，南杏仁25克，姜片20克，葱条15克，枚肉方粒150克，火腿方粒25克，精盐6克，味精10克，绍酒25克，胡椒粉0.5克，淡汤1000克，食用油25克（图3.24）。

图3.24

【任务实施】

①将水鱼宰杀，去内脏、黄膏，用热水烫过，去外皮，洗净，斩件。将凤爪斩去脚趾尖，斩断胫骨。将枚肉切成方粒，将火腿切成方粒。将元肉洗净，用沸水滚焗去南杏仁的外皮，与元肉一起用清水浸过面，放入蒸柜炖制（图3.25～图3.28）。

②将枚肉方粒、凤爪“飞水”，洗净。水鱼“飞水”后，起镬搪油，下入姜片、葱条、水鱼爆香爆透，溅酒，倒入疏壳中，去掉姜葱，冲洗干净，滤干水（图3.29）。

图3.25

图3.26

图3.27

图3.28

图3.29

③将凤爪、水鱼分别放入炖盅，加入枚肉方粒、火腿方粒，面上放入用牙签串起的姜片、葱条。倒入适量绍酒，用烧沸的淡汤调味后，盛入2个炖盅内，加盖，放入蒸柜中炖制约2小时（图3.30）。

④分别将炖好的元肉、南杏仁、凤爪、水鱼取出，去掉姜葱，将原汤倒出过滤。再将上述原料按照水鱼件在炖盅中间、水鱼裙在水鱼肉的上面、凤爪去胫骨后围在水鱼裙旁边的方式合盅造型。然后加入元肉、南杏仁和各种原汤兑汤后调味，并盛入炖盅内，加盖、封砂纸，放入蒸柜炖约30分钟，原盅上席即成（图3.31～图3.33）。

图3.30

图3.31

图3.32

图3.33

【技术要领】

①掌握去腥臊味的处理方法。

②杏元、凤爪、水鱼分为三盅炖，时间可以不同，以原料焓滑出味为度。

③三种汤汁合成一体，掌握汤色汤味。

④原料要造型，有层次感。

【质量要求、烹调应用】

①质量要求：汤清、味鲜、香浓，造型美观，肉料焓滑，胶原蛋白质丰富，比较滋补。

②烹调应用：冬瓜瑶柱炖牛蛙、西洋菜炖陈肾。

【任务评价】

主要原料	菜肴名称	评价要求	配分	得分
南杏仁、元肉、凤爪、水鱼、枚肉方粒、火腿方粒、姜片、葱条等	杏元凤爪炖水鱼	1. 准备好加工所需的工用具	5	
		2. 工衣、围裙、工帽、工鞋洁净，穿着规范	10	
		3. 选料合理，原料配搭合理	15	
		4. 刀工规格正确，操作熟练，成率符合要求	25	
		5. 菜肴成品芡色、味道、造型符合要求	25	
		6. 操作符合卫生要求	10	
		7. 在规定时间内完成任务	10	
得分			100	

【任务作业】

完成实训报告。

【任务视频】

项目3 烹调技法：扣

学习笔记

【任务描述】

在中餐厨房上杂岗位中，烹调技法中扣的技术，属于上杂岗位的核心工作内容。要重点掌握扣的制作原理、扣制方法、原料配搭、刀工方法、排砌技巧、火候运用、调味方式、操作要领、菜肴品种的变化等。

【学习目标】

①了解扣的原理。
②了解扣制菜肴的特点。
③掌握扣制菜肴的火候。
④掌握扣制的调味技术。

【素质提升】

激发学生的学习热情和职业责任感，引导学生养成不浪费食材的良好习惯。

一、扣的含义

扣，是指将预制加工的原料整齐拼砌在扣碗内，运用蒸气加热至熟或软烂， 然后覆盖在碟中（或窝中），淋上原汁芡（或原汤）而成热菜的烹调方法。

二、扣的主要特点

①预制后的食材要求整齐排列，造型美观，菜肴色彩悦目。

②用料广，可以做出软滑、浓郁、芳香等不同风味的菜肴。

③成品可以做菜，也可以做汤。将扣好的原料盖在碟上，原汁勾芡淋在菜肴面上的为常菜；将扣好的原料盖在汤窝里，调汤淋在菜肴面上为汤菜。

④运用蒸气加热，加热时间因菜肴不同有长有短，由具体菜肴决定。

三、扣的分类

扣的烹调法可分为白扣法和红扣法两种。

白扣法的菜肴，原料一般不需要着色或调色，保持原料的本色，滋味比较清鲜。红扣法的菜肴，原料一般需要着色或调色，滋味比较浓郁。

四、不同扣法的特点

1. 白扣法

①原料为经过刀工成型，腌味后将各种原料拼砌在扣碗，放入蒸柜蒸熟。
②倒出原汁，先将菜覆盖在碟上，再用原汁勾芡淋在上面。
③白扣的工艺耗时较短，菜肴成型整齐，味鲜嫩滑。

2. 红扣法

①原料要先经熟处理后才扣制。
②红扣法比较常用，菜式品种较多，菜品质感要求软滑或软烂。

五、扣的操作要领

①红扣大多选用耐火的原料，经煲、滚、炸等初步熟处理后再扣制。

②原料经刀工切配后再拼砌，刀工处理要合适，大小要均匀，刀工处理的碎料多用作填充垫底，不浪费原料。

③原料拼砌时，要整齐紧密，轻压排实，防止松散，层次分明，图案清晰。
④生扣由几种原料组配而成，原料的质地相近，加热成熟的时间相近。
⑤刀工成形多为片状，厚薄、大小要均匀。
⑥生料腌味要准确。
⑦原料拼砌要整齐、紧密。
⑧控制好火候和熟度。

【任务作业】

①扣的含义是什么?
②扣的主要特点是什么?
③白扣法和红扣法有哪些区别?
④扣的操作要领是什么?

六、扣的品种举例

白扣：生扣鸳鸯鸡

【任务准备】

原料准备：净鸡片300克，午餐肉片200克，湿冬菇片100克，短菜远100克，精盐4.5克，味精6克，绍酒15克，生粉20克，湿粉10克，淡汤75克，食用油75克（图3.34）。

学习笔记

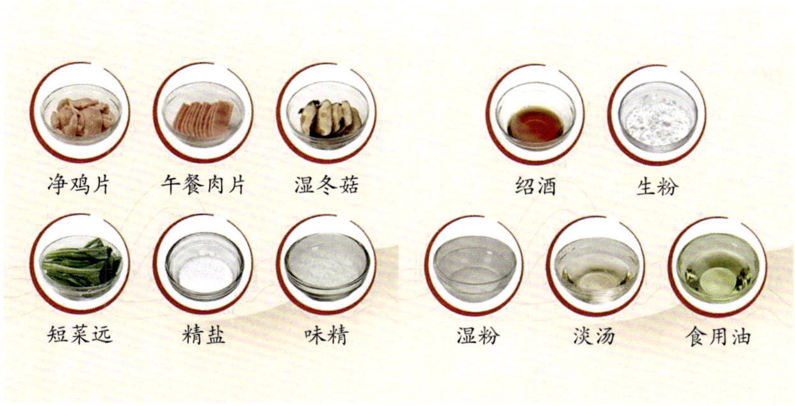

图3.34

【任务实施】

①将鸡肉切成5厘米×2厘米×0.5厘米的件，备用（图3.35）。

②在鸡片中加入精盐、味精、绍酒、生粉、食用油拌匀（图3.36）。

③准备好型格相似的午餐肉片。湿冬菇片经过滚煨处理（图3.37）。

④先将一片完整的冬菇放入扣碗底部中间的位置，然后按照一片午餐肉、一片鸡片、一片冬菇整齐排列，在扣碗内扣完为止，将多余的剩料填空、压实（图3.38）。

⑤放入蒸柜，用中火蒸约5分钟至熟，取出，倒出原汁备用，扣碗覆盖在碟中，取出扣碗（图3.39）。

⑥起镬煸炒短菜远至熟，勾薄芡，围在鸳鸯鸡周围，原汁加淡汤调味，用湿粉勾芡，淋在鸳鸯鸡面上即成（图3.40）。

图3.35

图3.36

图3.37

图3.38

图3.39

图3.40

【技术要领】

刀工均匀，排砌紧密，造型美观，芡色明亮。

【质量要求、烹调应用】

①质量要求：排砌紧密，不松散，菜肴鲜嫩清香，芡色匀滑鲜明。
②烹调应用：火腿夹冬瓜、锦绣扣三丝。

【任务评价】

主要原料	菜肴名称	评价要求	配分	得分
净鸡片、湿冬菇、午餐肉片、菜远等	生扣鸳鸯鸡	1. 准备好加工所需的工用具	5	
		2. 工衣、围裙、工帽、工鞋洁净，穿着规范	10	
		3. 选料合理，原料配搭合理	15	
		4. 刀工规格正确，操作熟练，成率符合要求	25	
		5. 菜肴成品芡色、味道、造型符合要求	25	
		6. 操作符合卫生要求	10	
		7. 在规定时间内完成任务	10	
得分			100	

【任务作业】

完成实训报告。

【任务视频】

任务视频

红扣：荔浦扣肉

【任务准备】

原料准备：带皮五花肉400克，荔浦芋头400克，花椒1克，八角1克，五香粉2克，短菜远100克，蒜蓉10克，南乳15克，老抽25克，白糖15克，绍酒15克，湿粉10克，淡汤150克，食用油1000克（耗油75克）（图3.41）。

学习笔记

图3.41

【任务实施】

①将去皮的荔浦芋头切成约6厘米×3.5厘米×0.4厘米的长方体，用约210 ℃油温炸浸至色泽金黄、身硬朗、表皮起皱，滤去油（图3.42）。

②将带皮五花肉刮洗干净，放在汤罐内，加入足量清水。将五花肉煲至七成焓，取出，趁热涂上老抽，在表皮上打针。用约240 ℃的油温炸制至表皮起皱、色泽金红，取出。用清水冲洗去油污，再切成与芋头大小相同的厚件（图3.43）。

③先将蒜蓉、南乳、花椒粉、八角粉、五香粉、老抽、白糖和切好的熟肉件拌匀，然后以一件熟肉、一件芋头相夹，排砌在大扣碗内，放入蒸柜中扣制至焓滑（图3.44）。

图3.42

图3.43

图3.44

④将扣肉中的原汁倒出，盖在碟中。将短菜远煸炒至刚熟，勾芡后围在扣肉边上。重新起镬下油，下原汁、淡汤，调味，调色，用湿

粉勾芡，下包尾油拌匀，淋在扣肉面上即成（图3.45）。

图3.45

【技术要领】

刀工均匀，芋头炸透，着色均匀，排砌紧密，味道浓郁，芡色明亮。

【质量要求、烹调应用】

①质量要求：排砌紧密，保持型格，味道浓香，芡色金红，匀滑鲜明。
②烹调应用：发菜扣蚝豉、梅菜扣肉。

【任务评价】

主要原料	菜肴名称	评价要求	配分	得分
带皮五花肉、荔浦芋头、蒜蓉、南乳、花椒、八角、老抽、白糖等	荔浦扣肉	1. 准备好加工所需的工用具	5	
		2. 工衣、围裙、工帽、工鞋洁净，穿着规范	10	
		3. 选料合理，原料配搭合理	15	
		4. 刀工规格正确，操作熟练，成率符合要求	25	
		5. 菜肴成品芡色、味道、造型符合要求	25	
		6. 操作符合卫生要求	10	
		7. 在规定时间内完成任务	10	
得分			100	

【任务作业】

完成实训报告。

【任务视频】

任务视频

项目4 烹调技法：烽

学习笔记

【任务描述】

在中餐厨房上杂岗位中，烹调技法中㸆的技术，属于上杂岗位的核心工作内容。要重点掌握㸆的制作原理、㸆制方法、原料配搭、火候运用、调味方式、操作要领、菜肴品种的变化等。

【学习目标】

①了解㸆的原理。
②了解㸆制菜肴的特点。
③掌握㸆制菜肴的火候。
④掌握㸆制的调味技术。

【素质提升】

培养学生刻苦练习、勇于探索的奋斗精神。

一、㸆的含义

㸆，是指将几种不同的原料放在一起，加入汤水，经过较长时间的加热和调味，使缺乏鲜味、香味和胶质的原料融合、渗透，形成美好滋味的一种烹调方法。

二、㸆的主要特点

①两种以上原料配搭，能够互补或补充其中滋味的不足。

②㸆前的原料一般要经过初步熟处理。

③不同原料的㸆制目的、质量要求和制作过程等都有所不同，具体㸆法应根据原料的特性、品种、要求而定。

④不同的原料在水、火候和调味的作用下，相互融合、渗透，形成味鲜、香浓、软滑的品质效果。

⑤㸆一般使用中慢火较长时间加热。

三、㸆的分类

按成品的色泽、味道来分，㸆的烹调法可以分为白㸆法和红㸆法两种。

四、不同㸆法的特点

1. 白㸆法

白㸆不需要调色，保持原料原色为主，味鲜，香而不浓，主要用于植物原料。白煤也可采用蒸煤，但香味会有不足。

2. 红煤法

红煤主要是色泽带红，味道鲜而香浓，胶质比较丰富，一般用于肉料或海味干货的煤制。红煤采用煲煤的效果比较好。

五、煤的操作要领

①原料的选用。需要用什么原料来弥补其滋味的不足，取决于原料本身的性质，要选用合适的原料。

②用于煤制的主料，一般是原只、原条或原件，有些要经过适当的刀工处理，以利于成熟入味和菜肴成型。辅助原料则不同，一般要切细，以利于其出味和溶解，便于主料吸收。

③注意色泽上的处理和味道的调配。煤制菜肴讲究色泽的美观、鲜艳、口味适中，这就需要运用烹调技法达到色泽艳丽和口味纯正的目的。

④最重要的是掌握好煤制的火候。

【任务作业】

①煤的含义是什么?

②煤的主要特点是什么?

③白煤法和红煤法有哪些区别?

④煤的操作要领是什么?

项目5 烹调技法：熬

【任务描述】

在中餐厨房上杂岗位中，烹调技法中熬的技术，属于上杂岗位的核心工作内容。要重点掌握熬的制作原理、熬制方法、原料配搭、火候运用、调味方式、操作要领、菜肴品种的变化等。

【学习目标】

①了解熬的原理。
②了解熬制菜肴的特点。
③掌握熬制菜肴的火候。
④掌握熬制的调味技术。

【素质提升】

激发学生的学习热情和职业责任感，培养学生勤俭节约、诚实守信的良好品德。

学习笔记

一、熬的含义

熬，即熬汤，是指将一定比例的原料和清水经长时间慢火加热，使原料的滋味充分溶解在水中，成为味道鲜香的汤水的烹调方法。

二、熬的主要特点

①熬汤一般选用新鲜的、具有较好鲜味和香味的原料，以肉料为主。

②熬汤所用原料的选择、原料与汤水的比例有一定的要求。

③熬汤的全过程基本使用慢火较长时间加热，这样可以使原料的滋味充分溶解于汤水中。

④熬好的汤水一般只作为半制成品，其主要的品质是味道鲜美、香浓。

三、熬的分类

熬汤一般可分为熬清汤和熬浓汤。根据原料与汤水的比例不同，清汤可分为高汤（顶汤）、上汤和二汤3种。

四、不同熬法的特点

1. 熬清汤

汤味极鲜、香郁，滋味醇浓，汤色清澈并呈象牙色。

2. 熬浓汤

汤味鲜香、浓郁，汤色奶白，滋味醇厚。

五、熬的操作要领

1. 熬清汤

①多采用瘦猪肉、老鸡、火腿3种原料，瘦肉、老鸡主要取其鲜味，火腿主要取其香味和色泽。

②注意原料和清水量、汤水量的比例，这关系到汤水滋味的鲜浓程度。

③使用慢火，长时间加热，中途不停火。慢火是以汤水不能滚起且保持微滚状态（菊花心状），长时间一般为4小时。

④熬汤过程中不停火，不加水，不撇油，不捞起肉码。

⑤起汤前，要将汤面的油撇干净，没有浮油。汤水经过滤，保持清澈。

2. 熬浓汤

①不同原料熬汤前的处理方法不同，如鱼要煎透，禽畜肉料经高油温拉油等。

②水滚后，再将处理过的原料放入，并滚起约10分钟后才转用慢火，但比熬清汤的火力要稍高一些。

③连续加热约3小时，中途不停火，不加水，不撇油。

④汤快熬好时，要将火力加猛，让其滚起约10分钟，然后停火。撇去汤面浮油，将汤过滤。

【任务作业】

①熬的含义是什么?

②熬的主要特点是什么?

③熬清汤和熬浓汤有哪些区别?

④熬的操作要领是什么?

项目6 烹调技法：煲

【任务描述】

在中餐厨房上杂岗位中，烹调技法中煲的技术，属于上杂岗位的核心工作内容。要重点掌握煲的制作原理、煲制方法、原料配搭、火候运用、调味方式、操作要领、菜肴品种的变化等。

【学习目标】

①了解煲的原理。
②了解煲制菜肴的特点。
③掌握煲制菜肴的火候。
④掌握煲制的调味技术。

【素质提升】

培养学生不畏艰难的工作态度、刻苦钻研的探索精神和工匠精神。

一、煲的含义

煲，即煲汤，又称煲老火汤，是指将经过处理的原料放入猛火至滚的清水中，然后转用中慢火较长时间加热并调味成汤菜的烹调方法。

二、煲的主要特点

①所使用原料相当广泛，形成具体菜品并具有一定食疗功效，主要在于原料的不同搭配。原料的不同搭配，能够形成特定风味、特定保健食疗功效的汤菜。

②用水量较大，一般为原料量的3倍，经长时间加热浓缩后也有2倍。以汤水为主，汤水香浓鲜美、滋润或滋补是煲汤菜品的主要质量标准。

③注重火候，必须较长时间运用中慢火加热，才能够使原料充分出味，使其营养成分、滋味溶集在汤水中。

④煲汤的菜品会因季节气候的不同而有所不同。夏秋气候炎热潮湿，适合清淡、清润而不肥腻；冬春气候干燥寒冷，适宜浓郁、滋补而偏肥腻。

三、煲的分类

煲汤可以分为清煲和浓煲两种，煲的技法基本相同，其区别之处主要是用料不同。因此，汤水的风味有清有浓之分。夏秋季节多为清煲，冬春季节多为浓煲。

四、不同煲法的特点

1. 清煲

所用肉料占总原料量的1/2以下，其他为非肉类原料（如蔬菜类）的配料，肉料含油脂较少，不肥腻，汤味鲜而香醇，汤色较清澈，清润，适合夏秋季节。

2. 浓煲

所用肉料占总原料的1/2以上，以肉料为主，肉料含油脂较多，相对比较肥腻，味鲜而香浓，汤色较浑浊（如呈奶色），滋补，适合冬春季节。

五、煲的操作要领

①原料组配合理。

②根据原料的性质或菜品的要求，需要在煲前进行处理，比如飞水、煸爆、滚煨、煎制等。

③煲汤时，一般是水滚后下料，尤其是蔬菜类原料和经初步熟处理的用料，也可根据原料的受火程序按先后次序下料。

④火候掌握一般是放入原料，先猛火大滚约10分钟后转用中慢火，长时间加热1.5～2小时（视原料受火程度而定），临煲好前，再猛火滚起约10分钟即成。

⑤煲汤是后期调味，以调精盐为主，而且不需要调十足的味。欠鲜味的汤可调一些味精或白糖，以增加鲜甜。

⑥上菜时，可原煲上席，也可将汤水与汤料分开上席，一般搭配豉油、熟油作佐味碟上席。

【任务作业】

①煲的含义是什么?

②煲的主要特点是什么?

③清煲和浓煲有哪些区别?

④煲的操作要领是什么?

项目7 烹调技法：炒

学习笔记

【任务描述】

在中餐厨房后镬岗位中，烹调技法中炒的技术，属于后镬岗位的核心工作内容。要重点掌握炒的制作原理、炒制方法、原料配搭、刀工方法、芡色运用、火候运用、调味方式、操作要领、菜肴品种的变化等。

【学习目标】

①了解炒的原理。
②了解炒制菜肴的特点。
③掌握炒制菜肴的火候。
④掌握炒制的调味技术。

【素质提升】

提高学生的专业技能，让学生养成精益求精的工作态度。

一、炒的含义

炒，是指将经过加工的、较细小的原料，放在有少许油的热镬中，运用猛火加热和不断翻动，使原料均匀受热而熟并调味成菜的烹调方法。

二、炒的主要特点

①原料的选择非常广泛，主料一般为肉料，配料一般为蔬菜。

②原料的刀工较为精细，形状多为丁、丝、粒、片、球、条等。

③炒制是以铁镬和少量油作传热介质，油在加热后与原料、调料结合产生脂化反应，形成特殊的“镬气”香味。

④炒的加热一般使用猛火，加热时间短，可以在几十秒至几分钟内至熟成菜，能较好地保护原料的营养成分和原味，使菜肴味香清爽，滋味丰富。

⑤炒制可以运用不同原料、不同炒法、不同火候达到不同的质感，如细嫩、软嫩、脆嫩、嫩滑、爽脆等。这是炒法所特有的。

三、炒的分类

炒一般可以分为拉油炒法、软炒法、生炒法、熟炒法。其中，生炒法和熟炒法的菜肴品种相对比较少。

四、不同炒法的特点

1. 拉油炒法

肉料经拉油至熟后，与配料混合在一起用猛火经短时间加热，调味、勾芡而成菜的技法。肉料能保持嫩滑或脆嫩，操作快捷，镬气香，芡紧匀滑，菜品油亮。

2. 软炒法

以鸡蛋液、牛奶等为主料，配一些无骨的肉料或细薄、脆嫩的原料，中火加热，炒成柔软嫩滑、凝结至熟的菜肴。成品清香、嫩滑或软滑，以鲜味为主，色泽金黄或洁白，是炒法中的特殊技法。

3. 生炒法

肉料经腌味后，直接生炒至熟后，与经初步熟处理的配料放在一起，调味勾芡炒匀而成。生炒法与拉油炒法不同的是，肉料不经过拉油，直接生炒，其他与拉油炒法大致相同。

4. 熟炒法

肉料本身已是熟料，与已经初步熟处理的配料一齐炒匀，调味打芡而成。可以扩大一些原料的使用，增加菜式品种，且别具风味。

五、炒的操作要领

1. 拉油炒法的操作要领

①掌握各种配料煸炒的方法。
②掌握各种肉类拉油的油温。
③掌握拉油炒法的9个操作环节。
④掌握各种芡色的调配方法。
⑤掌握碗上芡和镬上芡的方法。

2. 软炒法的操作要领

①掌握炒蛋和炒牛奶的火候。
②掌握炒牛奶的比例。
③掌握炒蛋和炒牛奶的方法。

3. 生炒法的操作要领

①原料多用精盐、味精、白糖、绍酒、生抽、生粉腌制。
②对配料进行初步熟处理。
③肉料不拉油，直接炒熟。

4. 熟炒法的操作要领

①一些带韧性的肉料，经初步熟处理后，缩短炒制至熟的时间。
②一些肉料先进行熟加工处理，在炒制中，增加特别的风味。
③一些肉料熟后拆肉，注意保持形体的完整和起货的成率。
④肉料不拉油。

【任务作业】

①炒的含义是什么?
②炒的主要特点是什么?

③各种炒法有哪些区别?
④炒的操作要领是什么?

学习笔记

六、炒的品种举例

拉油炒法 1 ：豉椒炒牛肉

【任务准备】

原料准备：腌好牛肉片200克，圆椒300克，蒜蓉2克，姜米3克，葱段10克，豉汁15克，芡汤20克，湿粉10克，绍酒10克，麻油1.5克，胡椒粉0.5克，老抽2.5克，食用油750克（耗油50克）（图3.46）。

图3.46

【任务实施】

①先将圆椒切去头尾，切开，去囊，再将圆椒切成三角形的件（图3.47）。

②将牛肉顺纹开条，横纹切片，刀工规格约为5厘米×3厘米×0.2厘米（图3.48）。

③按照牛肉500克、食粉6克、生抽10克、生粉25克、食用油25克、清水75克的比例将牛肉片腌制约30分钟（图3.49）。

④将芡汤、麻油、胡椒粉、老抽、豉汁调成碗芡（黑芡）（图3.50）。

⑤起镬下油，将圆椒件加入精盐、清水煸炒至熟，滤去水（图3.51）。

⑥用约120 ℃油温将牛肉片拉油至刚熟，滤去油。利用镬中的余油，下料头，下圆椒件，下牛肉片，溅酒，下调好的碗芡，下包尾油炒匀（图3.52）。

图3.47

图3.48

图3.49

图3.50

图3.51

图3.52

【技术要领】

刀工均匀，牛肉腌制，碗芡调配，芡色芡量。

【质量要求、烹调应用】

①质量要求：镬气香浓，咸鲜带微辣，芡紧色鲜，椒子爽脆，牛肉嫩滑。
②烹调应用：菜远炒鸡片、五彩炒肉丝。

【任务评价】

主要原料	菜肴名称	评价要求	配分	得分
牛肉片、圆椒、蒜蓉、姜米、豆豉、葱段等	豉椒炒牛肉	1. 准备好加工所需的工用具	5	
		2. 工衣、围裙、工帽、工鞋洁净，穿着规范	10	
		3. 选料合理，原料配搭合理	15	
		4. 刀工规格正确，操作熟练，成率符合要求	25	
		5. 菜肴成品芡色、味道、造型符合要求	25	
		6. 操作符合卫生要求	10	
		7. 在规定时间内完成任务	10	
得分			100	

学习笔记

【任务作业】

完成实训报告。

【任务视频】

任务视频

拉油炒法2：菜远炒生鱼球

【任务准备】

原料准备：生鱼球200克，菜远300克，蒜蓉2克，姜花5克，红萝卜花10克，精盐5克，味精5克，麻油1.5克，胡椒粉0.5克，绍酒15克，淡汤150克，湿粉10克，食用油750克（耗油75克）（图3.53）。

图3.53

【任务实施】

①先将菜心切去菜花部分，再斜刀切成长约6厘米的菜远规格。生鱼打鳞、去鳃，切出鱼肉后，铲去鱼皮，将鱼肉切成约6厘米×3厘米×0.7厘米的鱼球（图3.54、图3.55）。

②起镬下油，在菜远中加入精盐，清水煸炒至刚熟，滤去水（图3.56）。

③在生鱼球中加入精盐拌匀，用约150 ℃拉油至六成熟，滤去油（图3.57）。

④利用镬中的余油，下料头，溅酒，下淡汤，下生鱼球，加入精盐、味精、麻油、胡椒粉，略煮至熟（图3.58）。

⑤放入菜远，用湿粉勾芡（白芡），下包尾油炒匀，盛入碟中即成（图3.59）。

图3.54

图3.55

图3.56

图3.57

图3.58

图3.59

【技术要领】

①鱼球的刀工规格。

②鱼球成熟后的型格保持。

③镬上芡的运用。

④芡色芡量的掌握。

【质量要求、烹调应用】

①质量要求：鱼球香滑，菜远碧绿爽脆，色泽鲜明。

②烹调应用：菜远炒滑鸡、菜远炒牛蛙。

【任务评价】

主要原料	菜肴名称	评价要求	配分	得分
菜远、生鱼球、蒜蓉、姜花、红萝卜花等	菜远炒生鱼球	1. 准备好加工所需的工用具	5	
		2. 工衣、围裙、工帽、工鞋洁净，穿着规范	10	
		3. 选料合理，原料配搭合理	15	
		4. 刀工规格正确，操作熟练，成率符合要求	25	

续表

主要原料	菜肴名称	评价要求	配分	得分
菜远、生鱼球、蒜蓉、姜花、红萝卜花等	菜远炒生鱼球	5. 菜肴成品芡色、味道、造型符合要求	25	
		6. 操作符合卫生要求	10	
		7. 在规定时间内完成任务	10	
得分			100	

学习笔记

【任务作业】

完成实训报告。

【任务视频】

任务视频

软炒法1：滑蛋炒虾仁

【任务准备】

原料准备：虾仁250克，净鸡蛋250克，葱花10克，精盐1.5克，味精2.5克，麻油2克，胡椒粉0.5克，食用油750克（耗油100克）（图3.60）。

图3.60

【任务实施】

①将虾仁洗净，吸干水，加入精盐、味精、食粉、蛋白、干生粉拌匀腌制（图3.61）。

②在净鸡蛋中加入精盐、味精、麻油、胡椒粉、葱花、食用油拌匀（图3.62）。

③用约160 ℃油温将虾仁拉油至刚熟，滤去油后，放入鸡蛋液中拌匀（图3.63）。

④利用镬中的余油，下蛋料，一边炒一边下油，炒至刚凝结（图3.64）。

⑤盛入碟中，堆成山形即成（图3.65）。

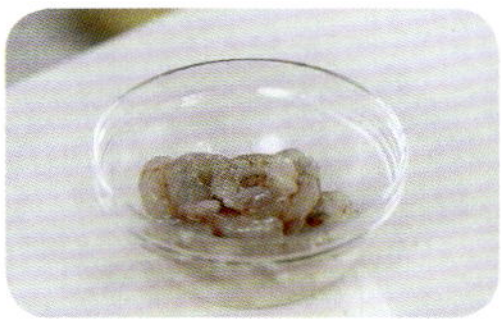

图3.61

图3.62

图3.63

图3.64

图3.65

【技术要领】

①鸡蛋液调味不宜过重。

②虾仁吸干水。

③火候的运用要恰当。

④注意炒滑蛋的手法。

【质量要求、烹调应用】

①质量要求：鸡蛋液刚熟凝结，虾仁色白爽脆，堆成山形，滋味鲜美，营养丰富。

②烹调应用：滑蛋炒牛肉、滑蛋炒叉烧。

【任务评价】

主要原料	菜肴名称	评价要求	配分	得分
净鸡蛋、虾仁、葱花等	滑蛋炒虾仁	1. 准备好加工所需的工用具	5	
		2. 工衣、围裙、工帽、工鞋洁净，穿着规范	10	
		3. 选料合理，原料配搭合理	15	
		4. 刀工规格正确，操作熟练，成率符合要求	25	
		5. 菜肴成品芡色、味道、造型符合要求	25	
		6. 操作符合卫生要求	10	

学习笔记

续表

主要原料	菜肴名称	评价要求	配分	得分
净鸡蛋、虾仁、葱花等	滑蛋炒虾仁	7. 在规定时间内完成任务	10	
得分			100	

【任务作业】

完成实训报告。

【任务视频】

任务视频

软炒法2：黄埔蛋

【任务准备】

原料准备：净鸡蛋400克，精盐1.5克，味精2.5克，麻油2克，胡椒粉0.5克，食用油150克（图3.66）。

图3.66

【任务实施】

①在净鸡蛋中加入精盐、味精、麻油、胡椒粉、食用油拌匀

（图3.67）。

②猛火烧镬下油搪镬，下鸡蛋液，用慢火，一边搪镬，一边铲，一边加油（图3.68）。

③炒至鸡蛋液刚凝结成一块布的形状（图3.69、图3.70）。

④盛入碟中造型即成（图3.71）。

图3.67

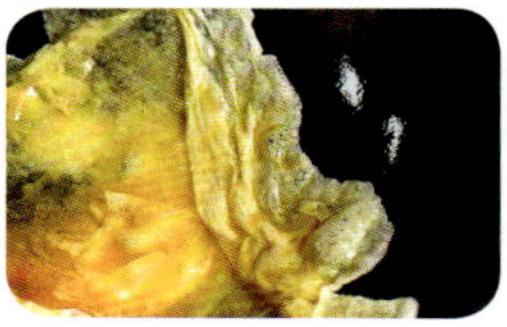
图3.68

图3.69

图3.70

图3.71

【技术要领】

①鸡蛋液调味不宜过重。

②拌匀鸡蛋液下油较多。

③注意火候的运用。

④注意炒黄埔蛋的手法。

【质量要求、烹调应用】

①质量要求：鸡蛋液刚熟凝结，色泽金黄，折叠成一块布的形状，造型美观，口感香滑。

②烹调应用：炒黄埔蛋与炒滑蛋、炒牛奶的手法，既有相似的地方，又有不同的地方，但三者都是追求炒至刚熟、凝结。

【任务评价】

主要原料	菜肴名称	评价要求	配分	得分
净鸡蛋、食用油等	黄埔蛋	1. 准备好加工所需的工用具	5	
		2. 工衣、围裙、工帽、工鞋洁净，穿着规范	10	
		3. 选料合理，原料配搭合理	15	
		4. 刀工规格正确，操作熟练，成率符合要求	25	
		5. 菜肴成品芡色、味道、造型符合要求	25	
		6. 操作符合卫生要求	10	
		7. 在规定时间内完成任务	10	
得分			100	

学习笔记

【任务作业】

完成实训报告。

【任务视频】

任务视频

软炒法3：大良炒牛奶

【任务准备】

原料准备：鲜奶500克，净蛋白300克，腌好的虾仁50克，烧鸭肉粒50克，炸榄仁50克，熟鸡肝粒50克，火腿蓉10克，粟粉20克，精盐5克，味精7.5克，食用油500克（耗油100克）（图3.72）。

图3.72

【任务实施】

①将虾仁洗净，吸干水，加入精盐、味精、食粉、净蛋白、干生粉拌匀腌制（图3.73）。

②将鲜奶倒入碗中，先在少量的鲜奶中加入粟粉和匀倒入奶液中，再将净蛋白倒入奶液中。加入精盐、味精调味拌匀，用手抓散蛋白（图3.74）。

③用约160 ℃油温将虾仁拉油至刚熟，滤去油的同时，将熟鸡肝淋油（图3.75）。

④重新起镬，倒去多余的油，下奶液，用中火将奶液炒至将要凝结时下配料，加入适量食用油，炒至刚凝结（图3.76）。

⑤盛入碟中，堆成山形，撒上火腿蓉即成（图3.77）。

图3.73

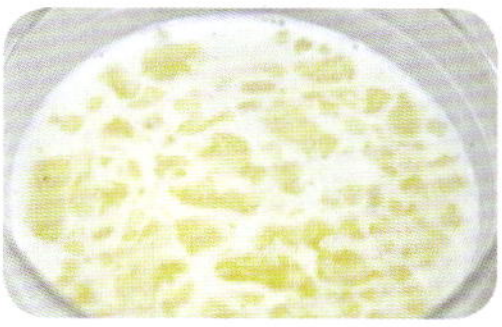
图3.74

图3.75

图3.76

图3.77

【技术要领】

①牛奶质量要好。
②奶液、蛋白、粟粉的调配比例要合适。
③火候的运用要恰当。
④注意炒牛奶的手法。

【质量要求、烹调应用】

①质量要求：奶液色泽洁白，刚熟凝结，堆成山形，口感爽嫩，滋味丰富。
②烹调应用：四宝炒牛奶、白雪鲜虾仁。

【任务评价】

主要原料	菜肴名称	评价要求	配分	得分
鲜奶、虾仁、烧鸭肉粒、熟鸡肝粒、炸榄仁、火腿蓉等	大良炒牛奶	1. 准备好加工所需的工用具	5	
		2. 工衣、围裙、工帽、工鞋洁净，穿着规范	10	
		3. 选料合理，原料配搭合理	15	
		4. 刀工规格正确，操作熟练，成率符合要求	25	
		5. 菜肴成品芡色、味道、造型符合要求	25	
		6. 操作符合卫生要求	10	
		7. 在规定时间内完成任务	10	
得分			100	

学习笔记

【任务作业】

完成实训报告。

【任务视频】

任务视频

熟炒法：炒黄鳝丝

【任务准备】

原料准备：黄鳝200克，鲜笋200克，韭黄100克，湿冬菇丝25克，陈皮5克，叉烧25克，蒜蓉3克，姜丝2.5克，精盐1.5克，绍酒40克，老抽2.5克，麻油2克，胡椒粉0.5克，芡汤30克，湿粉10克，米粉丝25克，食用油500克（耗油75克）（图3.78）。

图3.78

【任务实施】

①黄鳝用盆盛装，加入精盐，使黄鳝脱去黏液，加入沸水、加盖略泡，洗净黄鳝的黏液，开肚去内脏。放入沸水中滚至全熟，捞起放入冷水中漂冻，用手起肉，拆成黄鳝丝（图3.79）。

②鲜笋切中丝，韭黄切段，湿冬菇切成丝，湿陈皮切细丝，叉烧切中丝。笋丝、湿冬菇丝加精盐滚过，滤去水。米粉丝用约210 ℃油温炸至起发，捞起滤去油（图3.80）。

③将芡汤、湿粉、老抽、麻油、胡椒粉调成碗芡（图3.81）。

④猛火烧镬下油，下料头，下黄鳝丝，下配料，溅酒，下调好的碗芡炒匀，下包尾油拌匀，盛入碟中，炸米粉丝围边即成（图3.82）。

图3.79

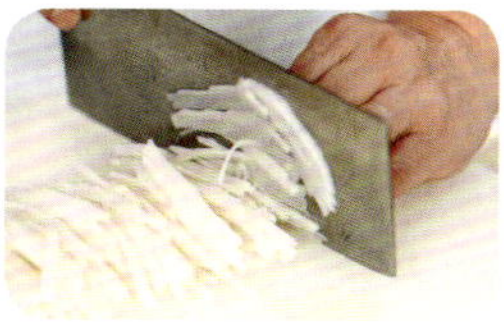

图3.80

图3.81

图3.82

【技术要领】

①刀工要均匀。
②黄鳝去黏液。
③注意芡色和芡量。
④黄鳝煮熟，拆成黄鳝丝。

【质量要求、烹调应用】

①质量要求：镬气香浓，配料多样，芡紧色鲜，滋味丰富，风味独特。
②烹调应用：五彩炒蛇丝、炒蚝豉松。

【任务评价】

主要原料	菜肴名称	评价要求	配分	得分
黄鳝、鲜笋、韭黄、湿冬菇丝、陈皮、姜丝、蒜蓉、叉烧、米粉丝等	炒黄鳝丝	1. 准备好加工所需的工用具	5	
		2. 工衣、围裙、工帽、工鞋洁净，穿着规范	10	
		3. 选料合理，原料配搭合理	15	

续表

主要原料	菜肴名称	评价要求	配分	得分
黄鳝、鲜笋、韭黄、湿冬菇丝、陈皮、姜丝、蒜蓉、叉烧、米粉丝等	炒黄鳝丝	4. 刀工规格正确，操作熟练，成率符合要求	25	
		5. 菜肴成品芡色、味道、造型符合要求	25	
		6. 操作符合卫生要求	10	
		7. 在规定时间内完成任务	10	
得分			100	

【任务作业】

完成实训报告。

【任务视频】

任务视频

学习笔记

项目8 烹调技法：泡

学习笔记

【任务描述】

在中餐厨房后镬岗位中，烹调技法中泡的技术，属于后镬岗位的核心工作内容。要重点掌握泡的制作原理、泡制方法、原料配搭、刀工方法、芡色运用、上汤使用、火候运用、调味方式、操作要领、菜肴品种的变化等。

【学习目标】

①了解烹调法泡的原理。
②了解泡制菜肴的特点。
③掌握泡制菜肴的火候。
④掌握泡制的调味技术。

【素质提升】

强化职业操守和法治观念，培养学生敬业爱岗、吃苦耐劳的精神。

一、泡的含义

泡，是指使用肉料为主料，加料头，加热调味而成菜品的烹调方法。

二、泡的主要特点

①菜肴构成以净肉原料为主，禽畜、内脏、水产等原料均可，较少有配料。
②肉质要求鲜、嫩滑或脆嫩。
③能够较好地突出原料味鲜、质嫩、脆、滑等特点。
④一些比较老的肉，通过腌制后采用油泡方法烹制，可以达到嫩滑或脆嫩的效果。
⑤汤泡菜肴主料突出，造型美观，汤色清澈。

三、泡的分类

泡的烹调法一般可以分为油泡法和汤泡法两种。其中，油泡法运用较多，汤泡法运用相对较少。

四、不同泡法的特点

①油泡菜肴具有清鲜、爽滑、芳香、色泽鲜明、形态美观的特点。

②汤泡菜肴具有汤清鲜、肉爽滑、刀工精细、形态美观的特点。

学习笔记

五、泡的操作要领

1. 油泡法的操作要领

①选料要精。
②刀工精细。
③料头衬托。
④芡汁匀滑。
⑤芡色的运用。
⑥准确掌控火候与油温。

2. 汤泡法的操作要领

①肉料“飞水”要烧沸才下料，熟即捞起。
②煸炒要镬热油少，溅酒后倒起，随即放在垫有料头的汤窝里。
③烧上汤要用慢火，微沸即可。
④汤沸后撇去泡沫，随即倒入汤窝里。

【任务作业】

①泡的含义是什么?
②泡的主要特点是什么?
③不同泡法有什么区别?
④泡的操作要领是什么?

六、泡的品种举例

油泡法：油泡土鱿

【任务准备】

原料准备：土鱿件400克，姜花5克，葱榄10克，红萝卜花10克，绍酒10克，生抽1克，麻油2克，胡椒粉0.5克，食用油750克（耗油50克）（图3.83）。

图3.83

【任务实施】

①用清水将土鱿浸没至软身，在土鱿身上切上刀花，切成三角形的件（图3.84）。
②将芡汤、生抽、湿粉、麻油、胡椒粉调成碗芡（金黄芡）（图3.85）。
③猛镬阴油，用约150 ℃的油温将土鱿拉油至刚熟，滤干油（图3.86）。
④利用镬中的余油，下料头、土鱿，溅酒，勾芡（图3.87）。
⑤盛入碟中，堆成山形即成（图3.88）。

图3.84

图3.85

图3.86

图3.87

图3.88

【技术要领】

①刀工要深不透底。
②注意拉油的油温和熟度。
③注意火候的运用。
④芡量较紧，不泻油，不泻芡。

【质量要求、烹调应用】

①质量要求：刀工美观，芡色金黄、有光泽，口感爽脆，具有浓郁的海味味道。
②烹调应用：油泡鸡片、油泡鲜鱿。

【任务评价】

<table>
<tr><th>主要原料</th><th>菜肴名称</th><th>评价要求</th><th>配分</th><th>得分</th></tr>
<tr><td rowspan="7">土鱿件、姜花、葱榄、红萝卜花等</td><td rowspan="7">油泡土鱿</td><td>1. 准备好加工所需的工用具</td><td>5</td><td></td></tr>
<tr><td>2. 工衣、围裙、工帽、工鞋洁净，穿着规范</td><td>10</td><td></td></tr>
<tr><td>3. 选料合理，原料配搭合理</td><td>15</td><td></td></tr>
<tr><td>4. 刀工规格正确，操作熟练，成率符合要求</td><td>25</td><td></td></tr>
<tr><td>5. 菜肴成品芡色、味道、造型符合要求</td><td>25</td><td></td></tr>
<tr><td>6. 操作符合卫生要求</td><td>10</td><td></td></tr>
<tr><td>7. 在规定时间内完成任务</td><td>10</td><td></td></tr>
<tr><td colspan="2">得分</td><td></td><td>100</td><td></td></tr>
</table>

学习笔记

【任务作业】

完成实训报告。

【任务视频】

汤泡法：汤泡肾球

【任务准备】

原料准备：肾球600克，上汤1250克，芫荽段25克，精盐5克，味精3克，绍酒15克，胡椒粉0.5克，食用油15克（图3.89）。

图3.89

【任务实施】

①在肾球中间下刀，将肾球一分为二，切去外皮，在肾肉上切上井字花纹（图3.90）。

②将肾球飞水至刚熟，滤去水。猛火烧镬下油，放入肾球，溅酒，略爆炒后，滤去水（图3.91）。

③先将芫荽段放在汤窝底部，再将肾球叠放在芫荽面上，撒上胡椒粉（图3.92）。

④烧镬下上汤，加入精盐、味精调味，将上汤轻轻淋入汤窝中即成（图3.93）。

图3.90

图3.91

图3.92

图3.93

【技术要领】

①肾球刀工均匀，深不透底。
②掌握肾球飞水的熟度。
③烧上汤，火候不宜过猛。
④淋汤时，注意保持菜肴的造型。

【质量要求、烹调应用】

①质量要求：汤色清澈，味道鲜美，刀工美观，口感爽脆。
②烹调应用：汤泡虾球、上汤泡虾丸。

【任务评价】

主要原料	菜肴名称	评价要求	配分	得分
肾球、芫荽段、上汤等	汤泡肾球	1. 准备好加工所需的工用具	5	
		2. 工衣、围裙、工帽、工鞋洁净，穿着规范	10	
		3. 选料合理，原料配搭合理	15	
		4. 刀工规格正确，操作熟练，成率符合要求	25	
		5. 菜肴成品芡色、味道、造型符合要求	25	
		6. 操作符合卫生要求	10	
		7. 在规定时间内完成任务	10	
得分			100	

【任务作业】

完成实训报告。

【任务视频】

任务视频

学习笔记

项目9 烹调技法：焖

【任务描述】

在中餐厨房后镬岗位中，烹调技法中焖的技术，属于后镬岗位的核心工作内容。要重点掌握好焖的制作原理、焖制方法、原料配搭、刀工方法、芡色运用、火候运用、调味方式、操作要领、菜肴品种的变化等。

【学习目标】

①了解焖的原理。
②了解焖制菜肴的特点。
③掌握焖制菜肴的火候。
④掌握焖制的调味技术。

【素质提升】

培养不畏艰辛的工作态度，刻苦钻研的探索精神和工匠精神。

一、焖的含义

焖，是指碎件的原料经拉油（或爆炒，或炸，或煲熟）后，放入有少量油的热锅中爆香，加入适量汤水并调味，加盖，用中火或中慢火加热至熟透或软烂，留少量原汁勾芡成菜的烹调方法。

二、焖的主要特点

①原料选择以肉料为主，可以用配料，也可以不用配料，配料一般为植物类原料。

②原料刀工处理多为碎件，并带骨，以件、块的形状为主，较为厚大。

③火候的运用以中火为主。不同的焖法，不同的原料，不同的焖制过程，火候的使用会有所不同，加热时间相对较长，要根据原料性质和菜肴要求来确定。

④调味一般有两种情况：一种是使用酱汁调味，具有浓厚馥郁的味感，酱汁风味突出；一种是使用一般调味料调味，味香而清醇，突出原料的原味、鲜味。两者各有特色。

⑤虽然，不同的焖法，其成品特点各不相同，但总的来说，肉香味浓，滋味醇厚丰富，芡汁厚而宽，原汁成芡，原料软滑成软烂。

三、焖的分类

焖一般可以分为生焖法、红焖法和熟焖法3种。

四、不同焖法的特点

1. 生焖法

生焖法分为拉油生焖法和生爆酱焖法两种。

学习笔记

拉油生焖法的特点是：肉料经拉油后，与料头爆香，溅酒加入汤水调味，加盖焖熟成菜。原料鲜嫩、易熟。调味以突出原味、鲜味为主，加热时间短，原料熟或熟透即可保持肉质嫩滑。

生爆酱焖法的特点是：肉料飞水（或炒干水）后，与料头、酱料一起爆香、爆透，溅酒，加入汤水调味，加盖焖至熟透或软烂而成菜。原料肉香味浓，用酱料爆透后焖，更加香浓，味道浓郁，加热时间稍长，要熟透或软烂。

2. 红焖法

红焖法又称炸焖法，其特点是：原料粘上干生粉后炸至金黄色、透身，加入汤水，调味，加盖焖透成菜。红焖法适用于鱼类原料，成品外香内软滑，味较浓郁，色泽浅红油亮。

3. 熟焖法

熟焖法的特点是：肉料煲至一定软烂度后，用酱汁料头爆香，溅酒，加入汤水调味，加盖焖透成菜。原料特别耐火、老韧，经煲软烂后焖，能缩短焖制的时间，味道香浓，肉质软烂。

五、焖的操作要领

1. 生焖法的操作要领

拉油生焖法一般选用较鲜、较嫩滑的肉料。肉料件头要均匀，如果大小厚薄不均匀，会影响其熟度。肉料经拉油处理至4～5成熟，能更好地保持肉料的嫩滑。多使用慢油温或中油温，油温不宜偏高。

生爆酱焖法一般选用肉味较为香浓、较为耐火或较为老韧的肉料，有较多的蒜头、姜、青蒜等为配料，以增加菜肴的香味，并使用特定的酱汁调味。

2. 红焖法的操作要领

多选用鱼类原料，可加入配料。原料一般经刀工处理后拍上干生粉，高油温炸至金黄色、硬身，并炸透。焖制时，汤水量稍多，因为炸鱼易吸收水分，易焖干，所以芡汁要多一些，尾油也多一些，菜肴成品才会油亮、香滑。

3. 熟焖法的操作要领

原料选用比较耐火的、老韧的肉料，煲熟至7～8成焓后取出切件，使用较多的蒜头、姜、青蒜作配料，以增加菜肴香味，也可以用特定的酱汁调味。猛火热镬，下少量油，将料头爆香，放入煲焓的肉料、酱汁一起爆透，溅酒，加入原汤，调味加盖焖至入味。

【任务作业】

①焖的含义是什么?
②焖的主要特点是什么?
③不同焖法有哪些区别?
④焖的操作要领是什么?

六、焖的品种举例

拉油生焖法：生焖鱼

【任务准备】

原料准备：鲩鱼600克，肉丝50克，湿冬菇丝25克，蒜蓉3克，姜丝5克，葱丝15克，精盐6克，味精5克，白糖1.5克，绍酒10克，麻油2克，胡椒粉0.5克，淡汤300克，湿粉15克，食用油1000克（耗油75克）（图3.94）。

图3.94

【任务实施】

①将宰杀后的鲩鱼切成约6厘米×3厘米×1厘米的鱼件。将蒜头剁碎，将枚肉、湿冬菇、姜、葱分别切成丝（图3.95、图3.96）。

②在鱼件中加入适量精盐拌匀（图3.97）。

图3.95

图3.96

图3.97

学习笔记

③猛火烧镬下油，用约150 ℃油温将鱼件拉油至八成熟，滤去油（图3.98）。

④利用镬中的余油，下料头，溅酒，下淡汤，下鱼件，调味，加盖略焖至熟（图3.99）。

⑤加入麻油、胡椒粉，用湿粉勾芡，加入葱丝、包尾油，炒匀上碟即成（图3.100）。

图3.98

图3.99

图3.100

【技术要领】

①鱼件刀工均匀。
②洗净鱼件的血污。
③掌握拉油的油温和熟度。
④芡色匀滑，芡量稍有“泻脚芡”。

【质量要求、烹调应用】

①质量要求：刀工均匀，芡色润泽，口感嫩滑，味道鲜美。
②烹调应用：咖喱焖鸡、鲜菇焖鸡。

【任务评价】

主要原料	菜肴名称	评价要求	配分	得分
鲩鱼、蒜蓉、姜丝、湿冬菇丝、肉丝、葱丝等	生焖鱼	1. 准备好加工所需的工用具	5	
		2. 工衣、围裙、工帽、工鞋洁净，穿着规范	10	
		3. 选料合理，原料配搭合理	15	
		4. 刀工规格正确，操作熟练，成率符合要求	25	
		5. 菜肴成品芡色、味道、造型符合要求	25	
		6. 操作符合卫生要求	10	
		7. 在规定时间内完成任务	10	
得分			100	

【任务作业】

完成实训报告。

【任务视频】

任务视频

生爆酱焖法：柱侯碎焖鹅

【任务准备】

原料准备：光鹅750克，蒜蓉10克，姜米10克，葱段10克，柱侯酱50克，精盐5克，味精5克，白糖2克，老抽5克，绍酒5克，麻油2克，胡椒粉0.5克，淡汤300克，食用油25克（图3.101）。

图3.101

学习笔记

【任务实施】

①将光鹅斩件，洗净，滤干水（图3.102）。

②用中火烧热炒镬，下鹅件，炒干水，倒在疏壳里（图3.103）。

③猛火烧镬下油，放入料头、柱侯酱、鹅件一起爆透，溅酒炒香，加入淡汤、精盐、味精、白糖、老抽调味，加盖，先用猛火，再转用慢火焖至熟透（图3.104）。

④加入麻油、胡椒粉，用湿粉勾芡，加入葱段、包尾油，拌匀上碟即成（图3.105）。

图3.102

图3.103

图3.104

图3.105

【技术要领】

①鹅件刀工均匀。

②白镬炕炒干鹅件水分。

③掌握酱料和调味料的比例。

④芡色匀滑，芡量稍有“泻脚芡”。

【质量要求、烹调应用】

①质量要求：刀工均匀，芡色金红，肉质鲜美。

②烹调应用：柱侯焖排骨、生焖香肉。

【任务评价】

主要原料	菜肴名称	评价要求	配分	得分
光鹅、蒜蓉、姜米、葱段、柱侯酱等	柱侯碎焖鹅	1. 准备好加工所需的工用具	5	
		2. 工衣、围裙、工帽、工鞋洁净，穿着规范	10	
		3. 选料合理，原料配搭合理	15	

续表

主要原料	菜肴名称	评价要求	配分	得分
光鹅、蒜蓉、姜米、葱段、柱侯酱等	柱侯碎焖鹅	4. 刀工规格正确，操作熟练，成率符合要求	25	
		5. 菜肴成品芡色、味道、造型符合要求	25	
		6. 操作符合卫生要求	10	
		7. 在规定时间内完成任务	10	
得分			100	

【任务作业】

完成实训报告。

【任务视频】

任务视频

红焖法：红焖鱼

【任务准备】

原料准备：鱼件400克，蒜蓉2.5克，肥肉丝25克，湿冬菇丝25克，姜丝5克，葱丝15克，精盐4克，味精2.5克，白糖1.5克，绍酒15克，麻油2克，胡椒粉0.5克，老抽7.5克，淡汤400克，湿粉15克，食用油1500克（耗油100克）（图3.106）。

图3.106

学习笔记

【任务实施】

①将宰杀后的鲩鱼起软硬边，切成约6厘米×3厘米×1厘米的鱼件（图3.107）。

②蒜剁成蓉，姜、湿冬菇、葱切成丝备用，肥肉切成丝备用（图3.108）。

③加入适量精盐拌匀，拍上干生粉（图3.109）。

④猛火烧镬下油，用约210 ℃油温将鱼件炸至熟，滤去油（图3.110）。

⑤利用镬中的余油，下蒜末、姜丝、湿冬菇丝、肥肉片，溅酒，下淡汤，下鱼件，调味，调色，加盖略焖至熟。加入麻油、胡椒粉，用湿粉勾芡，加入葱丝、包尾油，拌匀上碟即成（图3.111）。

图3.107

图3.108

图3.109

图3.110

图3.111

【技术要领】

①鱼件刀工均匀。

②洗净鱼件的血污。

③掌握上粉的厚薄、炸的油温和熟度。

④芡色匀滑，芡量稍有“泻脚芡”。

【质量要求、烹调应用】

①质量要求：刀工均匀，芡色润泽，口感外香内滑，味道香浓鲜美。

②烹调应用：红焖鲈鱼、蒜子焖鲋鱼。

【任务评价】

主要原料	菜肴名称	评价要求	配分	得分
鱼件、蒜蓉、姜丝、湿冬菇丝、肥肉丝、葱丝等	红焖鱼	1. 准备好加工所需的工用具	5	
		2. 工衣、围裙、工帽、工鞋洁净，穿着规范	10	
		3. 选料合理，原料配搭合理	15	
		4. 刀工规格正确，操作熟练，成率符合要求	25	
		5. 菜肴成品芡色、味道、造型符合要求	25	
		6. 操作符合卫生要求	10	
		7. 在规定时间内完成任务	10	
得分			100	

【任务作业】

完成实训报告。

【任务视频】

任务视频

熟焖法：萝卜焖牛腩

【任务准备】

原料准备：牛腩500克，白萝卜400克，蒜蓉5克，姜25克，青蒜25克，罗汉果半个，八角1粒，花椒0.5克，柱侯酱25克，海鲜酱20克，花生酱10克，芝麻酱10克，蚝油15克，片糖25克，精盐3克，味精5克，老抽2克，绍酒10克，麻油2克，胡椒粉0.5克，湿粉15克，食用油10克（图3.112）。

学习笔记

图3.112

【任务实施】

①将牛腩原件洗净，飞水后放入汤罉内加入水、姜、罗汉果、八角、花椒，将牛腩煲至八成焾，取出开条切成厚件（图3.113）。

②白萝卜去皮，切成大菱形件，滚透后漂冻。姜切成厚片，青蒜切成段，蒜头剁成蓉（图3.114）。

③猛火烧镬下油，下料头、酱料、牛腩件爆香，溅酒，下原汤，调味，调色，加盖焖至入味熟透，中途放入白萝卜一起焖制（图3.115）。

④加入麻油、胡椒粉，用湿粉勾芡，加包尾油，拌匀上碟（或原煲上席）即成（图3.116）。

图3.113

图3.114

图3.115

图3.116

【技术要领】

①煲牛腩的熟度。
②牛腩件刀工均匀。
③料头、酱料、调味料的配合。
④芡色匀滑，芡量稍有“泻脚芡”。

【质量要求、烹调应用】

①质量要求：刀工均匀，芡色金红，口感焓滑，味道浓香。
②烹调应用：红焖猪手、豉汁焖排骨。

【任务评价】

主要原料	菜肴名称	评价要求	配分	得分
牛腩、蒜蓉、姜、青蒜等	萝卜焖牛腩	1. 准备好加工所需的工用具	5	
		2. 工衣、围裙、工帽、工鞋洁净，穿着规范	10	
		3. 选料合理，原料配搭合理	15	
		4. 刀工规格正确，操作熟练，成率符合要求	25	
		5. 菜肴成品芡色、味道、造型符合要求	25	
		6. 操作符合卫生要求	10	
		7. 在规定时间内完成任务	10	
得分			100	

【任务作业】

完成实训报告。

【任务视频】

任务视频

项目10 烹调技法：扒

【任务描述】

在中餐厨房后镬岗位中，烹调技法中扒的技术，属于后镬岗位的核心工作内容。要重点掌握扒的制作原理、扒制方法、原料配搭、刀工方法、芡色运用、造型方法、火候运用、调味方式、操作要领、菜肴品种的变化等。

学习笔记

【学习目标】

①了解扒的原理。
②了解扒制菜肴的特点。
③掌握扒制菜肴的火候。
④掌握扒制的调味技术。

【素质提升】

培养严谨认真、精益求精的工匠精神，培养自主探究和团队合作的能力。

一、扒的含义

扒，是指将两种或两种以上原料，先按照性质不同分别烹调加工，然后分先后、分层次上碟，造型而成一道热菜的烹调方法。

二、扒的主要特点

①突出菜肴整体的美观、层次的分明。
②因为原料由两种或两种以上组成，所以，不同性质的原料需要按照要求分别烹制。
③芡汁讲究明亮，芡汁的量相对比较多。
④品种变化大，具体制作方法和口味差异比较大。

三、扒的分类

扒一般分为汁扒和肉料扒两种。

四、不同扒法的特点

1. 汁扒

汁扒的特点是将原料烹制后上碟摆砌，用味汁或上汤调味勾芡，淋在原料面上，突出其味芡的独特风味，芡汁较为浓稠而且量多。

2. 肉料扒

肉料扒的特点是将原料分别烹制，按菜肴要求先后上碟摆砌，以一种原料“扒”在另一种原料之上成菜。菜肴层次分明，摆砌整齐，形态美观，滋味丰富。

五、扒的操作要领

1. 汁扒的操作要领

①原料的组成多为一种，且以蔬菜原料居多。

②没有配料、料头。

③原料按菜肴要求或原料性质烹制后上碟，型格多样。

④芡汁要突出独特的风味，如鲍汁、腿汁、蚝汁等。

⑤芡色鲜明、油亮，稀稠适度，滋味鲜美，芡量较大。

2. 肉料扒的操作要领

①由两种及两种以上原料组成，其中一种原料多为肉料，用于“扒”在另一种原料之上。

②没有料头，两种原料均可作为主料。

③不同原料按其性质或菜肴要求，分别使用合适的烹调技法烹制。

④原料分别烹制后，按层次摆砌，特定的肉料要放在面层。

⑤层次分明，形态美观。

⑥通常应有两个以上芡和味。

⑦芡也有紧芡和阔芡之分，底菜上芡量较多，菜面上芡量较少。

【任务作业】

①扒的含义是什么?

②扒的主要特点是什么?

③不同扒法有什么区别?

④扒的操作要领是什么?

六、扒的品种举例

汁扒法：蚝油扒瓜脯

【任务准备】

原料准备：冬瓜脯1件（1250克），田鸡骨、鸡壳骨250克，精盐5克，味精10克，白糖1.5克，绍酒15克，麻油2克，胡椒粉0.5克，蚝油7.5克，老抽1.5克，淡汤500克，湿粉10克，食用油1000克（耗油100克）（图3.117）。

学习笔记

图3.117

【任务实施】

①将去皮、去囊的冬瓜切成15厘米×10厘米的长方形件，修圆边角（图3.118）。

②猛火烧镬下油，用约180 ℃油温将冬瓜脯炸过，滤去油。将冬瓜脯飞水后，用冷水漂冻，滤去水，放入盆内（图3.119）。

③烧开水后，放入冬瓜脯，飞水备用（图3.120）。

④开水中，放入田鸡骨、鸡壳骨，飞水备用（图3.121）。

⑤烧沸汤，加入精盐、味精、糖调味成汤底，倒入经过飞水的田鸡骨、鸡壳骨、冬瓜脯中（图3.122）。

图3.118

图3.119

图3.120

图3.121

图3.122

⑥准备好汤料，放入蒸柜㸆制至烩（图3.123）。

⑦取出冬瓜脯，滤干水，放入碟中（图3.124）。

⑧起镬下油，下原汤，加入精盐、味精、蚝油、麻油、胡椒粉、老抽调味调色，用湿粉勾芡，下包尾油和匀，淋在冬瓜脯面上即成（图3.125）。

图3.123

图3.124

图3.125

【技术要领】

①掌握炸制的油温。

②掌握㸆制的方法。

③芡色匀滑，芡量较多。

【质量要求、烹调应用】

①质量要求：芡色匀滑，鲜明光亮，味道鲜美，口感烩滑。

②烹调应用：鲍汁扒瓜脯、腿汁扒菜胆。

【任务评价】

主要原料	菜肴名称	评价要求	配分	得分
冬瓜脯、蚝油等	蚝油扒瓜脯	1. 准备好加工所需的工用具	5	
		2. 工衣、围裙、工帽、工鞋洁净，穿着规范	10	
		3. 选料合理，原料配搭合理	15	
		4. 刀工规格正确，操作熟练，成率符合要求	25	
		5. 菜肴成品芡色、味道、造型符合要求	25	
		6. 操作符合卫生要求	10	
		7. 在规定时间内完成任务	10	
得分			100	

【任务作业】

完成实训报告。

【任务视频】

任务视频

学习笔记

肉料扒法：四宝扒大鸭

【任务准备】

原料准备：红鸭1只（约750克），肾球100克，土鱿100克，冬菇100克，鱼球100克，郊菜300克，红鸭汤150克，芡汤20克，湿粉15克，精盐2.5克，味精5克，绍酒15克，麻油2克，胡椒粉0.5克，食用油1500克（耗油75克）（图3.126）。

图3.126

【任务实施】

①斩去鸭脚掌、鸭前翼，切去鸭屁股，切掉鸭下巴，斩断背脊骨，斩断鸭脚在腿骨和鸭翼的骨头，备用（图3.127）。

②将老抽涂抹在鸭的表面，涂抹均匀后，放入约240 ℃的油锅中，炸至金红，捞起备用（图3.128）。

③将炸好的鸭放入汤锅中，加入姜葱、香叶，用盐、味精、糖、老抽调味，煲约1个小时，捞出备用（图3.129）。

④将红鸭拆去胸骨、锁喉骨、腿骨后扣好，在表面放上碎料，加入原汁（图3.130）。

⑤放入蒸柜，蒸至热，取出。倒出原汁，覆盖碟中（图3.131）。

⑥湿冬菇去蒂，鸭肾开边，去外皮，切成肾球，鱼肉铲去鱼皮，切成鱼球。湿土鱿切成双斜刀花纹后再切成三角形件。菜心切成长约12厘米的郊菜，备用（图3.132）。

⑦猛火烧镬下油，在郊菜中加入精盐、水煸炒至刚熟，滤去水，溅酒，用芡汤和湿粉勾芡后，滤去水，排放在鸭的旁边（图3.133）。

⑧起镬，下原汤，加入盐调味，加入老抽调色，用湿粉勾芡，下包尾油和匀后淋在鸭面上（图3.134）。

⑨将冬菇、肾球飞水后捞出备用，肾球与土鱿、鱼球一起拉油，滤去油。溅酒，下适量的淡汤，下肾球、土鱿、鱼球、冬菇，调味、调色，用湿粉勾芡，下包尾油和匀（图3.135）。

⑩将四宝原料铺放在鸭身上即成（图3.136）。

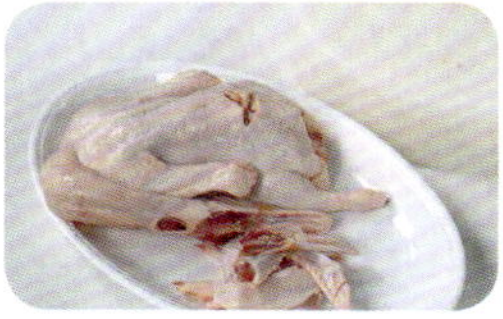
图3.127

图3.128

图3.129

图3.130

图3.131

图3.132

图3.133

图3.134

图3.135

图3.136

学习笔记

【技术要领】

①掌握炸红鸭的刀工处理方法。
②掌握炸红鸭的油温，着色均匀。
③掌握㸆制红鸭的味道和熟度。
④芡色匀滑，芡量大且有剩余。

【质量要求、烹调应用】

①质量要求：造型美观，芡色润泽红亮，口感滋味丰富，鸭肉烩滑。

②烹调应用：四宝扒菜胆、四宝扒瓜脯。

【任务评价】

主要原料	菜肴名称	评价要求	配分	得分
红鸭、土鱿、肾球、鱼球、冬菇、郊菜等	四宝扒大鸭	1. 准备好加工所需的工用具	5	
		2. 工衣、围裙、工帽、工鞋洁净，穿着规范	10	
		3. 选料合理，原料配搭合理	15	
		4. 刀工规格正确，操作熟练，成率符合要求	25	
		5. 菜肴成品芡色、味道、造型符合要求	25	
		6. 操作符合卫生要求	10	
		7. 在规定时间内完成任务	10	
得分			100	

【任务作业】

完成实训报告。

【任务视频】

任务视频

项目11 烹调技法：炸

【任务描述】

在中餐厨房后镬岗位中，烹调技法中炸的技术，属于后镬岗位的核心工作内容。要重点掌握炸的制作原理、炸制方法、原料配搭、刀工方法、芡色运用、浆粉运用、火候运用、调味方式、操作要领、菜肴品种的变化等。

【学习目标】

①了解炸的原理。
②了解炸制菜肴的特点。
③掌握炸制菜肴的火候。
④掌握炸制的调味技术。

【素质提升】

提高学生的专业技能，让学生养成精益求精的工作态度，培养学生发现、分析、解决问题的能力。

一、炸的含义

炸，是指将处理过的原料（包括刀工、腌制、上浆上粉、熟料预制等）放入较多的热油中，利用不同的油温和加热时间，使原料成熟，并具有一定色泽以及香、酥、脆等质感，一次成菜的烹调方法。

二、炸的主要特点

①使原料形成香、酥、脆等口感特色。
②使原料表面着色，以金黄色和大红色为多。
③使用浆粉较多。
④炸使用的油量较多，油温较高。
⑤炸的烹调方法种类较多。

三、炸的分类

炸法一般可以分为酥炸法、吉列炸法、纸包炸法、脆皮炸法、脆浆炸法、蛋白稀浆炸法、生炸法7种。

四、不同炸法的特点

1. 酥炸法

在已经腌制的原料上抹蛋湿干粉，放入180～210 ℃的热油中，炸至熟并达到酥脆和金黄色。成品香而酥脆，色泽金黄，内鲜嫩，可以干上也可成芡，口味多样，以甜酸味较普遍，品种丰富。

学习笔记

2. 吉列炸法

将已腌味的原料上吉列粉，放入180 ℃的热油中，使其至熟并达到外表酥脆，呈金红色。成品外香脆、内嫩，色泽金红，没有芡汁，多用淮盐、喼汁或沙律酱。

3. 纸包炸法

原料调味后，用威化纸包成日字形后炸至熟，成品香口、嫩滑，突出调味酱汁风味，原汁原味，威化纸酥香，富有特色。近年来，也有用丝网纸的情况，其炸制的效果更好，外表酥脆，起网丝状，色泽洁白。

4. 脆皮炸法

原料用白卤水浸熟，涂上脆皮糖水（麦芽糖水）后晾干，放入热油中炸至皮脆，大红色，肉质鲜嫩，具有卤水香味，色泽鲜红，皮脆肉嫩。

5. 脆浆炸法

原料经预制后上脆浆炸，炸至金黄色松脆。成品色泽金黄，香而松脆，型格涨发圆滑，质量好坏主要取决于脆浆。

6. 蛋白稀浆炸法

原料经预制后上蛋白稀浆，炸至浅金黄色、酥脆。成品外酥脆，表面布有幼细的脆化蛋丝和小珍珠泡，浅金黄色，酥化甘香。

7. 生炸法

原料经腌制后由生直接炸至熟并呈金红色或红色。成品味鲜肉滑，皮色金红或大红。

五、炸的操作要领

①用油量比较多。
②掌握各种浆粉的配方和下镬炸的手法。
③掌握原料下镬、浸炸、起镬的油温。
④掌握菜肴需要勾芡的成芡方法。
⑤掌握辅助调味佐料的调制的方法。
⑥掌握原料炸制前的预制加工方法。

【任务作业】

①炸的含义是什么?
②炸的主要特点是什么?
③不同炸法有哪些区别?
④炸的操作要领是什么?

六、炸的品种举例

酥炸法：香菠咕噜肉

【任务准备】

原料准备：无皮五花肉300克，菠萝100克，蒜蓉0.5克，尖椒件15克，葱段10克，鸡蛋液30克，糖醋250克，干生粉100克，湿粉20克，食用油1500克（耗油100克）（图3.137）。

图3.137

【任务实施】

①将无皮五花肉开条，用刀刻上花纹后切成菱形块备用。将菠萝切成与肉块大小相当的块。青尖椒切件，葱切葱段，蒜剁成蓉，鸡蛋去壳备用（图3.138、图3.139）。

②将白醋、片糖、茄汁、喼汁、精盐调成糖醋汁（图3.140）。

③在五花肉中加入精盐、湿粉、鸡蛋液和匀后拍上干生粉（图3.141）。

④猛火烧镬下油，用约180 ℃油温将肉块浸炸至刚熟、色泽金黄，滤去油（图3.142）。

⑤利用镬中的余油，下料头，溅酒，用糖醋汁、湿粉勾芡后，下入炸好的肉块拌匀（图3.143）。

图3.138

图3.139

图3.140

图3.141

图3.142

图3.143

⑥加入菠萝块，下包尾油，和匀后上碟即成（图3.144）。

学习笔记

图3.144

【技术要领】

①刀工均匀，糖醋味和。
②掌握调味、上粉的顺序和分量。
③掌握炸制的油温和熟度。
④芡色匀滑，芡量较紧。

【质量要求、烹调应用】

①质量要求：刀工均匀，芡色金红润泽，口感外酥脆内嫩滑，味道甜酸可口。

②烹调应用：酥炸排骨、碎炸子鸡。

【任务评价】

主要原料	菜肴名称	评价要求	配分	得分
无皮五花肉、蒜蓉、尖椒件、葱段、净鸡蛋、生粉、糖醋等	香菠咕噜肉	1. 准备好加工所需的工用具	5	
		2. 工衣、围裙、工帽、工鞋洁净，穿着规范	10	
		3. 选料合理，原料配搭合理	15	
		4. 刀工规格正确，操作熟练，成率符合要求	25	
		5. 菜肴成品芡色、味道、造型符合要求	25	
		6. 操作符合卫生要求	10	
		7. 在规定时间内完成任务	10	
得分			100	

【任务作业】

完成实训报告。

【任务视频】

任务视频

吉列炸法：吉列斑块

【任务准备】

原料准备：石斑鱼300克，净鸡蛋40克，面包糠30克，干生粉40克，精盐0.15克，麻油2克，食用油1500克（耗油100克）（图3.145）。

图3.145

【任务实施】

①将石斑鱼宰杀干净，起肉后铲去鱼皮，切成约7厘米×5厘米×0.4厘米的鱼块（图3.146）。

②在鱼块中加入精盐、麻油拌匀（图3.147）。

③将干生粉加入鸡蛋中，混合均匀，放入鱼块中搅拌至均匀（图3.148）。

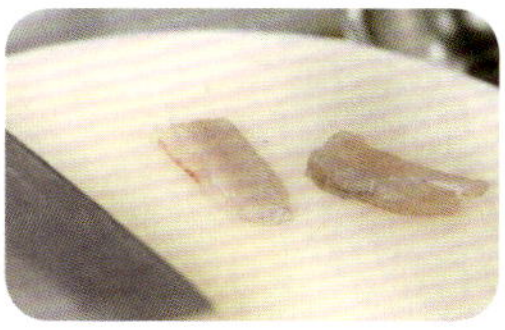

图3.146

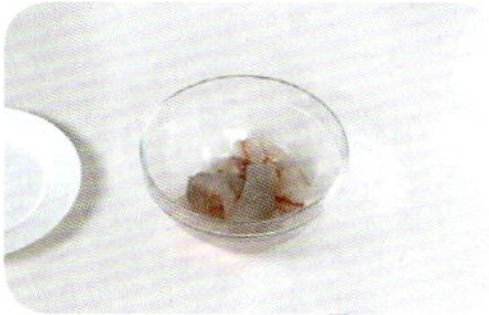

图3.147

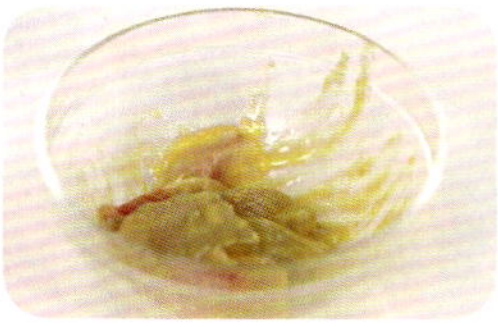

图3.148

④将裹好鸡蛋液的鱼块拍上面包糠，放在干净的碟子上（图3.149）。

⑤猛火烧镬下油，用约150 ℃油温将鱼块炸浸至色泽金黄、刚熟，滤去油（图3.150）。

⑥将炸好的鱼块放在碟中，堆成山形即成（图3.151）。

图3.149

图3.150

图3.151

【技术要领】

①鱼块刀工均匀，厚度合适。
②洗净鱼块中的血污，掌握调味、上粉的分量。
③掌握炸制的油温和熟度。

【质量要求、烹调应用】

①质量要求：刀工均匀，色泽金黄，口感外酥内嫩，味道咸鲜。
②烹调应用：吉列虾球、香麻鸡脯。

【任务评价】

主要原料	菜肴名称	评价要求	配分	得分
石斑鱼、净鸡蛋、面包糠等	吉列斑块	1. 准备好加工所需的工用具	5	
		2. 工衣、围裙、工帽、工鞋洁净，穿着规范	10	
		3. 选料合理，原料配搭合理	15	
		4. 刀工规格正确，操作熟练，成率符合要求	25	
		5. 菜肴成品芡色、味道、造型符合要求	25	
		6. 操作符合卫生要求	10	
		7. 在规定时间内完成任务	10	
得分			100	

【任务作业】

完成实训报告。

学习笔记

【任务视频】

蛋白稀浆炸法：酥炸藕盒

【任务准备】

原料准备：莲藕250克（洗净直径约5厘米），肉馅200克，蛋白100克，湿粉75克，食用油1000克（耗油50克）（图3.152）。

图3.152

【任务实施】

①将莲藕去皮，切成厚约0.5厘米的圆形片，用清水漂约30分钟，捞起滤干水。将猪肉剁碎，放入盆中，加入精盐、味精，先搅拌至起胶，再下净鸡蛋、生粉、清水充分搅擦、摔挞成肉馅（图3.153、图3.154）。

②将莲藕片放在碟上，将肉馅分为若干等分，将肉馅放在莲藕片上，再贴上一片莲藕片粘成盒形（图3.155）。

图3.153

图3.154

图3.155

学习笔记

③将蛋白和湿粉按照蛋白100克、湿粉50克的比例调制成蛋白稀浆（图3.156）。

④猛火烧镬下油，烧至约180 ℃油温后，将藕盒挂上蛋白稀浆下镬浸炸至色泽浅金黄，酥脆，捞起，滤去油，在碟中排砌造型即成（图3.157）。

图3.156

图3.157

【技术要领】

①莲藕粗细均匀合适。
②掌握肉馅的打制方法。
③掌握炸制的油温和熟度。
④可跟佐料淮盐、喼汁。

【质量要求、烹调应用】

①质量要求：色泽浅金黄，莲藕片爽口，肉馅爽滑。蛋白稀浆外层酥脆，表面有细小的脆化蛋白丝和小珍珠泡，酥化甘香。

②烹调应用：香酥百花盒、香酥蛋皮卷。

【任务评价】

主要原料	菜肴名称	评价要求	配分	得分
莲藕、蛋白、肉馅等	酥炸藕盒	1. 准备好加工所需的工用具	5	
		2. 工衣、围裙、工帽、工鞋洁净，穿着规范	10	
		3. 选料合理，原料配搭合理	15	
		4. 刀工规格正确，操作熟练，成率符合要求	25	
		5. 菜肴成品芡色、味道、造型符合要求	25	
		6. 操作符合卫生要求	10	
		7. 在规定时间内完成任务	10	
得分			100	

【任务作业】

完成实训报告。

【任务视频】

任务视频

脆浆炸法：脆炸直虾

【任务准备】

原料准备：明虾400克（去头、去壳、留虾尾），马铃薯条200克，精盐1.5克，麻油2克，调好的脆浆250克，食用油1500克（耗油150克）（图3.158）。

图3.158

【任务实施】

①将低筋面粉500克、生粉100克、发粉20克、精盐6克、食用油180克、清水600克调成发粉脆浆，静置30分钟发酵（图3.159）。

②将马铃薯去皮，切成长约6厘米的条状，用盐水浸过面（图3.160）。

③将虾去头、去壳、去虾肠、留尾，洗净，吸干水。在腹部每隔1厘米横切一刀，约一半深（图3.161）。

④虾肉撒上盐、麻油拌匀，腌制约10分钟（图3.162）。

⑤用铁签从虾的尾部穿入，注意不要穿破虾身（图3.163）。

⑥猛火烧镬下油，用约180 ℃油温将马铃薯条炸浸至色泽金黄、硬朗，滤去油，放在碟中按井字形叠放5～6层（图3.164）。

⑦重新起镬下油，手抓虾尾，粘上脆浆，用约180 ℃油温炸浸至涨发定型、色泽金黄、酥脆，滤去油，上碟竖放在马铃薯条旁边、虾尾向上即成（图3.165）。

图3.159

图3.160

图3.161

图3.162

图3.163

图3.164

图3.165

【技术要领】

①掌握调制脆浆的方法。

②掌握直虾的刀工处理方法。

③掌握上浆下镬的手法。

④掌握炸制的油温和熟度。

⑤可跟佐料淮盐、喼汁。

【质量要求、烹调应用】

①质量要求：涨发圆滑，虾身挺直，型格美观，色泽金黄，香酥爽嫩，味道鲜美。

②烹调应用：脆炸香蕉、脆炸三丝卷。

学习笔记

【任务评价】

主要原料	菜肴名称	评价要求	配分	得分
明虾、调好的脆浆、马铃薯等	脆炸直虾	1. 准备好加工所需的工用具	5	
		2. 工衣、围裙、工帽、工鞋洁净，穿着规范	10	
		3. 选料合理，原料配搭合理	15	
		4. 刀工规格正确，操作熟练，成率符合要求	25	
		5. 菜肴成品芡色、味道、造型符合要求	25	
		6. 操作符合卫生要求	10	
		7. 在规定时间内完成任务	10	
得分			100	

【任务作业】

完成实训报告。

【任务视频】

任务视频

脆皮炸法：脆皮炸鸡

【任务准备】

原料准备：光鸡750克，威化片15克，蒜蓉0.5克，椒米5克，葱米5克，白卤水1500克，脆皮糖浆100克，糖醋100克，湿粉5克，食用油1500克（耗油100克）（图3.166）。

学习笔记

图3.166

【任务实施】

①按照清水5000克、八角30克、沙姜15克、丁香30克、桂皮30克、草果30克、花椒30克、甘草30克、精盐250克的比例调制白卤水。按照麦芽糖30克、浙醋10克、绍酒10克、清水25克、干生粉15克的比例调制麦芽糖浆。按照原白醋500克、片糖300克、精盐19克、茄汁35克、喼汁35克的比例调制糖醋。切好椒米、葱米，剁好蒜蓉（图3.167～图3.170）。

②将光鸡去内脏、洗净、滤干水，放入微滚的白卤水中浸至刚熟，取起，用沸水淋过后抹干水，用麦芽糖浆涂匀鸡的表皮，挂起晾至干透（图3.171）。

③将鸡头颈斩下，起镬烧油至150 ℃，放入鸡头颈炸至色泽金黄，再放入威化片炸至威化片涨发、鸡头颈色泽大红时捞起，滤去油（图3.172）。

④将鸡身放在笊篱中，先用油淋鸡的内膛，再下油镬一边炸一边摇动，将鸡炸至均匀的大红色泽、皮脆，捞起滤去油（图3.173）。

⑤起镬下料头、糖醋，用湿粉勾芡后盛入小碗中。炸鸡趁热斩件上碟，砌回鸡形，威化片围边，配好佐料糖醋芡汁即成（图3.174）。

图3.167

图3.168

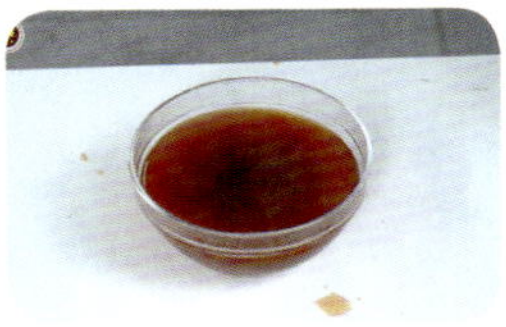
图3.169

图3.170

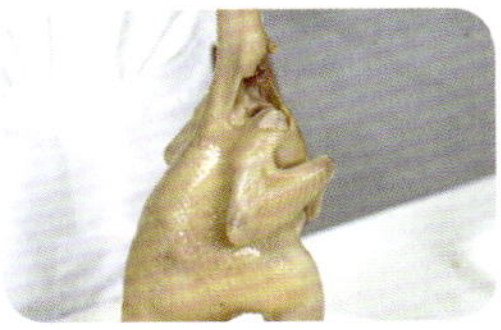
图3.171

图3.172

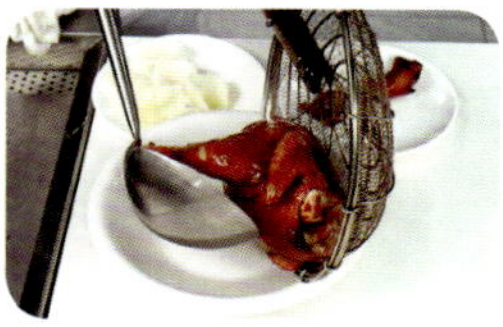

图3.173

图3.174

【技术要领】

①光鸡烫水温度不要过高。
②脆皮糖浆比例合适，鸡皮晾挂干透。
③掌握白卤水浸鸡的味道和熟度。
④掌握炸制的油温。
⑤趁热斩件，砧板保持干净、整洁，鸡片向上，保持干燥。

【质量要求、烹调应用】

①质量要求：造型美观，皮色大红，皮脆肉嫩，具有卤水的风味，糖醋芡味甜酸。
②烹调应用：脆皮炸乳鸽、脆皮炸大肠。

【任务评价】

主要原料	菜肴名称	评价要求	配分	得分
光鸡、脆皮糖浆、威化片、蒜蓉、椒米、葱米、白卤水、糖醋等	脆皮炸鸡	1. 准备好加工所需的工用具	5	
		2. 工衣、围裙、工帽、工鞋洁净，穿着规范	10	
		3. 选料合理，原料配搭合理	15	
		4. 刀工规格正确，操作熟练，成率符合要求	25	
		5. 菜肴成品芡色、味道、造型符合要求	25	
		6. 操作符合卫生要求	10	
		7. 在规定时间内完成任务	10	
得分			100	

【任务作业】

完成实训报告。

【任务视频】

生炸法：生炸鸡翅

【任务准备】

原料准备：鸡翅400克，姜片75克，葱条100克，茄汁20克，喼汁15克，生抽10克，绍酒10克，白糖2.5克，麻油2克，食用油1500克（耗油100克）（图3.175）。

图3.175

【任务实施】

①鸡翅洗净、滤干水，放入姜件（拍裂）、葱条、生抽、绍酒拌匀，腌制约1小时（图3.176）。

②将茄汁、喼汁、绍酒、白糖、麻油调成味汁（图3.177）。

③猛火烧镬下油，用约180 ℃油温将鸡翅炸浸至熟，滤去油。利用镬中的余油，下鸡翅、味汁，略煮收汁（图3.178）。

④取起鸡翅，趁热斩件，上碟排放整齐即成（图3.179）。

学习笔记

图3.176

图3.177

图3.178

图3.179

【技术要领】

①鸡翅不要冒油。
②味汁调制要和味。
③掌握炸制的油温和熟度。
④掌握收汁的火候。

【质量要求、烹调应用】

①质量要求：色泽大红，味鲜美，肉嫩滑，微酸带甜，滋味丰富。
②烹调应用：生炸乳鸽、生炸脆皮鸡。

【任务评价】

主要原料	菜肴名称	评价要求	配分	得分
鸡翅、姜片、葱条、绍酒、茄汁、生抽等	生炸鸡翼	1. 准备好加工所需的工用具	5	
		2. 工衣、围裙、工帽、工鞋洁净，穿着规范	10	
		3. 选料合理，原料配搭合理	15	
		4. 刀工规格正确，操作熟练，成率符合要求	25	
		5. 菜肴成品芡色、味道、造型符合要求	25	
		6. 操作符合卫生要求	10	
		7. 在规定时间内完成任务	10	
得分			100	

【任务作业】

完成实训报告。

【任务视频】

任务视频

学习笔记

纸包炸法：纸包鸡

【任务准备】

原料准备：净鸡肉400克，威化纸24张，净蛋白30克，生粉25克，蒜蓉5克，姜米5克，椒10克，葱米15克，豉汁10克，精盐3克，味精5克，白糖1.5克，麻油2克，胡椒粉0.5克，食用油1000克（耗油100克）（图3.180）。

图3.180

【任务实施】

①将鸡肉切成约5厘米×4厘米×0.5厘米的鸡条（图3.181）。

②加入蒜蓉、姜米、椒米、葱米、豉汁、精盐、味精、白糖、生粉拌匀，腌约10分钟（图3.182）。

③每张威化纸包裹一件鸡条，包成日字形，用蛋白黏口，放在撒有干生粉的碟中（图3.183）。

④猛火烧镬下油，用约150 ℃油温将包裹威化纸的鸡条炸浸至色泽浅金黄、刚熟，滤去油（图3.184）。

⑤在碟中排放成山形即成（图3.185）。

图3.181

图3.182

图3.183

图3.184

图3.185

【技术要领】

①鸡条刀工均匀。

②下料头、调味准确。

③包裹件头大小均匀、紧实，封口黏牢、不散。

④掌握炸制的油温和熟度。

【质量要求、烹调应用】

①质量要求：肉质嫩滑，鲜而微辣，外带酥香，具有独特的风味。

②烹调应用：纸包骨、纸包鱼。

【任务评价】

主要原料	菜肴名称	评价要求	配分	得分
净鸡肉、威化纸、蒜蓉、姜米、豉汁、椒等	纸包鸡	1. 准备好加工所需的工用具	5	
		2. 工衣、围裙、工帽、工鞋洁净，穿着规范	10	
		3. 选料合理，原料配搭合理	15	
		4. 刀工规格正确，操作熟练，成率符合要求	25	

续表

主要原料	菜肴名称	评价要求	配分	得分
净鸡肉、威化纸、蒜蓉、姜米、豉汁、椒等	纸包鸡	5. 菜肴成品芡色、味道、造型符合要求	25	
		6. 操作符合卫生要求	10	
		7. 在规定时间内完成任务	10	
得分			100	

学习笔记

【任务作业】

完成实训报告。

【任务视频】

项目12 烹调技法：煎

【任务描述】

在中餐厨房后镬岗位中，烹调技法中煎的技术，属于后镬岗位的核心工作内容。要重点掌握煎的制作原理、煎制方法、原料配搭、刀工方法、芡色运用、浆粉运用、火候运用、调味方式、操作要领、菜肴品种的变化等。

【学习目标】

①了解煎的原理。
②了解煎制菜肴的特点。
③掌握煎制菜肴的火候。
④掌握煎制的调味技术。

【素质提升】

培养学生勤学苦练、精益求精和勇于创新的工作精神。

一、煎的含义

煎，是指将加工好的原料平放在有少量油的热镬中，运用中慢火均匀加热，使原料表面呈金黄色并有香味而成菜的烹调方法。

二、煎的主要特点

①原料多为肉质细嫩的禽、畜、水产等肉类和蛋类。
②原料形状多为扁平状、块状，不能过厚，以便受热均匀，易熟。
③原料要进行腌制，运用浆粉较多。
④原料一般需要两边煎制。
⑤使用火力较慢，使原料具有独特的金黄色或金红色。
⑥外层甘香酥脆，内部保持软嫩。
⑦成品一般都有芡汁。

三、煎的分类

煎法一般可以分为干煎法、湿煎法、软煎法、半煎炸法、蛋煎法、煎封法、煎酿法7种。

四、不同煎法的特点

1. 干煎法

干煎法，是指将经过处理的原料直接煎至熟并呈现金黄色，没有芡汁或封汁后收汁，突出焦香风味的一种煎制方法。成品香气较为浓烈，色泽金黄，讲究煎色，口感甘香，肉

学习笔记

质软嫩或爽嫩，味鲜。

2. 湿煎法

湿煎法，是指将原料用中慢火煎至两面呈金黄色，下料头炒香后加入汤水，调味加温至熟并用湿粉勾芡的方法，成品味香而嫩滑。

3. 软煎法

软煎法，是指将加工好的肉料上半煎炸粉后，煎至两面金黄色，用稍多量的油炸熟，硬身，再经过封汁、勾芡、淋芡等方法烹制调味成菜的方法。成品外焦香、内软嫩，有芡汁，芡汁多变。

4. 半煎炸法

半煎炸法，是指将原料腌制后上浆粉，采用先煎后炸的加热方法。煎是使其具有焦香、定型、煎色。炸是使其成熟，硬身，色泽更均匀。成品多为锅贴类品种，色泽金黄，外香，酥化内嫩，味鲜。

5. 蛋煎法

蛋煎法，是指将调味的鸡蛋液加入经过热处理的配料，倒入有少量油的鑊中，煎至两面金黄色，凝结成圆形蛋饼的方法。成品甘香鲜嫩，型格圆而平整，呈金黄色。

6. 煎封法

煎封法适宜于鱼类菜肴的制作，先将腌味的鱼煎透，煎至两面呈金黄色并成熟，然后封入味汁略煮而成。成品外焦香，内嫩滑，具有封入味汁的特殊滋味，突出煎鱼的焦香风味。

7. 煎酿法

煎酿法，是指将酿制馅料的原料，先将馅料那一面煎至金黄色，然后勾芡成菜的方法。成品焦香味浓，馅鲜而爽滑。将两种不同性质的原料有机地结合一起，无论形状、口感均具有特殊的风味。

五、煎的操作要领

①鑊要平整，用油量较少。

②掌握浆粉的调配方法，运用中慢火。

③掌握搪鑊的手法，受热均匀。

【任务作业】

①煎的含义是什么?

②煎的主要特点是什么?

③不同煎法有哪些区别?

④煎的操作要领是什么?

六、煎的品种举例

干煎法：干煎虾碌

【任务准备】

原料准备：大明虾500克，茄汁35克，喼汁15克，精盐2.5克，味精5克，白糖5克，绍酒10克，麻油1克，胡椒粉0.1克，淡汤100克，食用油100克（图3.186）。

图3.186

【任务实施】

①剪去大明虾的虾爪、虾枪、虾肠、虾头、虾尾，斜刀将大明虾一开二（虾碌）（图3.187）。

②将茄汁、淡汤、精盐、味精、白糖、绍酒、麻油、胡椒粉、喼汁调成味汁（图3.188）。

③猛火烧镬下油，搪镬后，将虾碌下镬排放好，用中慢火将虾碌煎至两面金黄色，煎熟煎透（图3.189）。

④加入味汁，略收汁，下包尾油炒匀上碟即成（图3.190）。

图3.187

图3.188

图3.189

图3.190

学习笔记

【技术要领】

①掌握虾碌的刀工处理方法。
②味汁调配合适。
③掌握煎制的火候和熟度。
④可以采用先猛油拉油再煎的方法。

【质量要求、烹调应用】

①质量要求：香味浓烈，色泽金红，味鲜酸甜，滋味丰富，肉质爽嫩。

②烹调应用：干煎鱼饼、干煎虾饼。

【任务评价】

主要原料	菜肴名称	评价要求	配分	得分
大明虾、茄汁、喼汁、绍酒、麻油、胡椒粉等	干煎虾碌	1. 准备好加工所需的工用具	5	
		2. 工衣、围裙、工帽、工鞋洁净，穿着规范	10	
		3. 选料合理，原料配搭合理	15	
		4. 刀工规格正确，操作熟练，成率符合要求	25	
		5. 菜肴成品芡色、味道、造型符合要求	25	
		6. 操作符合卫生要求	10	
		7. 在规定时间内完成任务	10	
得分			100	

【任务作业】

完成实训报告。

【任务视频】

任务视频

湿煎法：茄汁煎虾碌

【任务准备】

原料准备：大明虾500克，蒜蓉1克，姜米1.5克，葱米5克，茄汁30克，精盐6克，味精5克，白糖2.5克，淡汤100克，绍酒10克，麻油1.5克，胡椒粉0.5克，湿粉5克，食用油750克（耗油50克）（图3.191）。

图3.191

【任务实施】

①剪去大明虾的虾爪、虾枪、虾肠、虾头、虾尾，斜刀将大明虾一开二（虾碌）。将蒜头剁成蒜蓉，姜切成姜米，葱切成葱米（图3.192）。

②猛火烧镬下油搪镬，下虾碌，用中慢火煎至两面呈金黄色（图3.193）。

③放入料头，溅酒，加入淡汤、茄汁、精盐、味精、白糖，加盖略煮至熟（图3.194）。

图3.192

图3.193

图3.194

④加入麻油、胡椒粉，用湿粉勾芡，下包尾油拌匀，盛入碟中即成（图3.195）。

图3.195

学习笔记

【技术要领】

①掌握虾碌的刀工处理方法。
②调味准确，和味。
③掌握煎制的火候和熟度。
④芡色金红匀滑，芡量不宜过多。

【质量要求、烹调应用】

①质量要求：芡色明亮、润泽，外有煎的香味，内有爽滑的质感。
②烹调应用：咖喱煎虾碌、茄汁牛肉饼。

【任务评价】

主要原料	菜肴名称	评价要求	配分	得分
大明虾、茄汁、蒜蓉、姜米、葱米等	茄汁煎虾碌	1. 准备好加工所需的工用具	5	
		2. 工衣、围裙、工帽、工鞋洁净，穿着规范	10	
		3. 选料合理，原料配搭合理	15	
		4. 刀工规格正确，操作熟练，成率符合要求	25	
		5. 菜肴成品芡色、味道、造型符合要求	25	
		6. 操作符合卫生要求	10	
		7. 在规定时间内完成任务	10	
得分			100	

【任务作业】

完成实训报告。

【任务视频】

任务视频

软煎法：果汁煎猪扒

【任务准备】

原料准备：枚肉400克，姜片10克，葱条10克，食粉0.25克，净鸡蛋40克，干生粉50克，果汁250克，绍酒20克，精盐0.25克，威化片15克，食用油500克（耗油100克）（图3.196）。

图3.196

【任务实施】

①将枚肉切成约5厘米×4厘米×0.4厘米肉脯形，用刀刻上井字花纹（图3.197）。

②加入姜片、葱条、绍酒、食粉、精盐拌匀，腌制约20分钟（图3.198）。

③去掉姜葱，加入净鸡蛋和干生粉调成的鸡蛋浆拌匀（图3.199）。

④将茄汁、喼汁、淡汤、精盐、味精调成果汁，盛起待用（图3.200）。

⑤猛火烧镬下油，用约180 ℃油温将威化片炸透后，捞起滤去油（图3.201）。

⑥端离火位，将肉脯逐件排进镬中，用中火煎肉脯两面至金黄色，一边煎一边加油，煎炸至熟，滤去油（图3.202）。

⑦利用镬中的余油，溅酒，加入调制好的果汁，下肉脯，拌匀上碟，将炸好的威化片围边即成（图3.203）。

图3.197

图3.198

图3.199

图3.200

图3.201

图3.202

图3.203

【技术要领】

①肉脯刀工均匀，厚度合适。
②掌握果汁的调制方法。
③掌握半煎炸粉的调配方法。
④掌握煎炸的火候和熟度。
⑤用少许湿粉勾芡，芡色效果更佳。

【质量要求、烹调应用】

①质量要求：焦香软嫩，果汁味浓，口味甜鲜。
②烹调应用：柠汁煎软鸭、喼汁煎鸡脯。

【任务评价】

主要原料	菜肴名称	评价要求	配分	得分
枚肉脯、姜片、葱条、绍酒、净鸡蛋、干生粉、果汁等	果汁煎猪扒	1. 准备好加工所需的工用具	5	
		2. 工衣、围裙、工帽、工鞋洁净，穿着规范	10	
		3. 选料合理，原料配搭合理	15	
		4. 刀工规格正确，操作熟练，成率符合要求	25	

续表

主要原料	菜肴名称	评价要求	配分	得分
枚肉脯、姜片、葱条、绍酒、净鸡蛋、干生粉、果汁等	果汁煎猪扒	5. 菜肴成品芡色、味道、造型符合要求	25	
		6. 操作符合卫生要求	10	
		7. 在规定时间内完成任务	10	
得分			100	

【任务作业】

完成实训报告。

【任务视频】

任务视频

半煎炸法：窝贴鱼

【任务准备】

原料准备：石斑鱼400克，肥肉150克，曲酒15克，净鸡蛋75克，干生粉75克，精盐4克，味精5克，麻油2克，火腿蓉5克，食用油500克（耗油100克）（图3.204）。

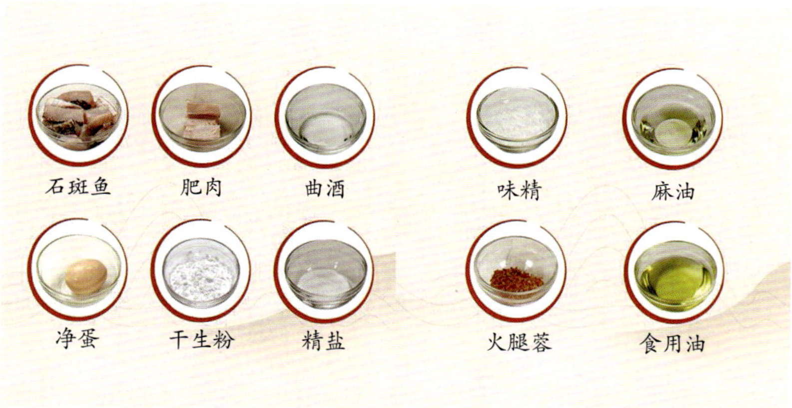

图3.204

【任务实施】

学习笔记

①将石斑鱼宰杀干净，起肉后铲去鱼皮，切成约6厘米×4厘米×0.4厘米的块（图3.205）。

②将肥肉切成厚约2毫米的片，用高度数曲酒、精盐、味精腌制（图3.206）。

③将少许精盐、净鸡蛋放入干生粉中，调成浓稠的窝贴浆（图3.207）。

④先将肥肉片一片一片放入窝贴浆里拌匀，平铺在拍上干生粉的碟中，撒上火腿蓉。再将鱼片放入窝贴浆里拌匀，逐件贴在肥肉片上（图3.208）。

⑤猛火烧镬下油搪镬后，端离火位，将鱼块和肥肉贴逐件放入镬中，用中慢火半煎半炸至色泽金黄、刚熟定型，捞起，滤去油，上碟排放即成（图3.209）。

图3.205

图3.206

图3.207

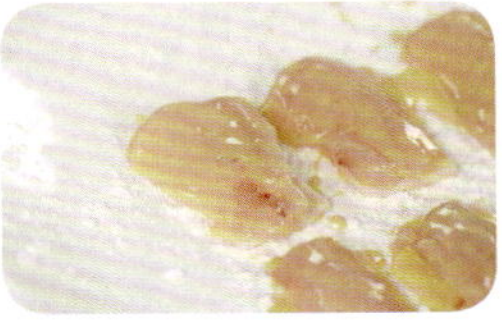
图3.208

图3.209

【技术要领】

①鱼块、肥肉片刀工均匀。
②肥肉片要用曲酒腌制。
③掌握窝贴浆的调制方法和下镬煎制手法。
④掌握半煎炸的火候和熟度。
⑤可跟佐料淮盐、喼汁，也可淋芡上席。

【质量要求、烹调应用】

①质量要求：色泽金黄，型格均匀，外香酥化，肉嫩味鲜。
②烹调应用：窝贴虾、窝贴鸡肝。

【任务评价】

主要原料	菜肴名称	评价要求	配分	得分
石斑鱼、火腿蓉、肥肉、曲酒等	窝贴鱼	1. 准备好加工所需的工用具	5	
		2. 工衣、围裙、工帽、工鞋洁净，穿着规范	10	
		3. 选料合理，原料配搭合理	15	
		4. 刀工规格正确，操作熟练，成率符合要求	25	
		5. 菜肴成品芡色、味道、造型符合要求	25	
		6. 操作符合卫生要求	10	
		7. 在规定时间内完成任务	10	
得分			100	

【任务作业】

完成实训报告。

【任务视频】

任务视频

蛋煎法：香煎芙蓉蛋

【任务准备】

原料准备：净鸡蛋200克，枚叉25克，鲜笋125克，湿冬菇15克，葱10克，精盐3克，味精2.5克，麻油2克，胡椒粉0.5克，食用油60克（图3.210）。

图3.210

【任务实施】

①鲜笋、湿冬菇、叉烧、葱切丝（图3.211）。

②在鸡蛋液加入精盐、味精、麻油、胡椒粉拌匀（图3.212）。

③笋丝、湿冬菇丝用沸水滚过，滤去水（图3.213）。

④将叉烧丝、葱丝、笋丝、湿冬菇丝放入鸡蛋液中拌匀（图3.214）。

⑤猛火烧镬下油，搪镬后滤去油。离火下鸡蛋液，用中火将鸡蛋液煎至定型、金黄色后，大翻，再煎另外一面至成熟，并呈金黄色（图3.215）。

⑥盛入碟中，吸去多余的油分即成（图3.216）。

图3.211

图3.212

图3.213

图3.214

图3.215

图3.216

【技术要领】

①配料刀工均匀。

②鸡蛋液调味合适。

③掌握煎鸡蛋的火候和熟度。

④可以先将鸡蛋液炒至八成熟，再煎。

【质量要求、烹调应用】

①质量要求：型格圆而平整，色泽金黄，甘香软嫩。
②烹调应用：大良煎虾饼、蛋煎鱼片。

【任务评价】

主要原料	菜肴名称	评价要求	配分	得分
净鸡蛋、笋丝、湿冬菇、叉烧丝、葱丝等	香煎芙蓉蛋	1. 准备好加工所需的工用具	5	
		2. 工衣、围裙、工帽、工鞋洁净，穿着规范	10	
		3. 选料合理，原料配搭合理	15	
		4. 刀工规格正确，操作熟练，成率符合要求	25	
		5. 菜肴成品芡色、味道、造型符合要求	25	
		6. 操作符合卫生要求	10	
		7. 在规定时间内完成任务	10	
得分			100	

【任务作业】

完成实训报告。

【任务视频】

任务视频

煎封法：煎封仓鱼

【任务准备】

原料准备：仓鱼750克，蒜蓉3克，姜米3克，葱花5克，姜片10克，葱条10克，绍酒10克，生抽10克，麻油2克，胡椒粉0.5克，煎封汁250克，湿粉5克，食用油100克（图3.217）。

学习笔记

图3.217

【任务实施】

①将仓鱼开肚取内脏、去鳃，在鱼肉上用刀斜切大井字花纹，洗净，滤干水，备用（图3.218）。

②将姜片、葱条、绍酒、胡椒粉、麻油、生抽倒在仓鱼上，涂抹均匀，腌制（图3.219）。

③按照淡汤1250克、喼汁1000克、生抽100克、老抽75克、白糖50克、味精25克、精盐25克的比例调制煎封汁（图3.220）。

④猛火烧镬下油，搪镬后，将仓鱼下镬，用中慢火煎至两面金黄色，煎熟，滤去油（图3.221）。

⑤利用镬中的余油，下料头，溅酒，下煎封汁，下仓鱼略煮至熟。先铲起仓鱼上碟，在原汁中加入麻油、胡椒粉，再用湿粉勾芡，下包尾油拌匀，淋在鱼面上即成（图3.222）。

图3.218

图3.219

图3.220

图3.221

图3.222

【技术要领】

①掌握仓鱼去内脏的刀工方法和腌制方法。
②掌握煎封汁的调配方法。
③掌握煎制的火候和熟度。
④掌握芡色和芡量。

【质量要求、烹调应用】

①质量要求：香气浓烈，外表焦香，肉质鲜嫩，滋味丰富，色泽金红，芡汁匀滑。
②烹调应用：煎封黄花鱼、煎封带鱼。

【任务评价】

主要原料	菜肴名称	评价要求	配分	得分
仓鱼、蒜蓉、姜片、葱花、绍酒、煎封汁等	煎封仓鱼	1. 准备好加工所需的工用具	5	
		2. 工衣、围裙、工帽、工鞋洁净，穿着规范	10	
		3. 选料合理，原料配搭合理	15	
		4. 刀工规格正确，操作熟练，成率符合要求	25	
		5. 菜肴成品芡色、味道、造型符合要求	25	
		6. 操作符合卫生要求	10	
		7. 在规定时间内完成任务	10	
得分			100	

【任务作业】

完成实训报告。

学习笔记

【任务视频】

煎酿法：煎酿椒子

【任务准备】

原料准备：鱼肉、猪肉共400克，圆椒件500克，蒜蓉1克，姜米1克，豉汁15克，精盐3克，味精5克，白糖2.5克，老抽5克，麻油2克，胡椒粉0.5克，生粉20克，绍酒10克，食用油100克（图3.223）。

图3.223

【任务实施】

①将圆椒开边、去蒂、去核，切成均匀的半圆件（图3.224）。

②鱼肉去皮，与猪肉一起剁烂，加入精盐、味精、麻油、胡椒粉

搅拌起胶，打成馅料（图3.225）。

③在圆椒件的内部拍上薄干生粉，酿入馅料（图3.226）。

④猛火烧镬下油，搪镬后，将圆椒酿馅的一面下镬排放好，用中慢火将馅料煎至金黄色、定型，滤去油（图3.227）。

⑤利用镬中的余油，下料头，溅酒，下淡汤、圆椒，调味，调色，加盖略煮至熟，用湿粉勾芡，下包尾油拌匀上碟即成（图3.228）。

图3.224

图3.225

图3.226

图3.227

图3.228

【技术要领】

①掌握打馅料的方法。

②酿馅要结实、抹平，馅料应高出被酿原料。

③掌握煎制的火候和熟度。

④掌握芡色和芡量。

【质量要求、烹调应用】

①质量要求：椒子青绿爽口，芡色金红，豉味香浓，馅料爽滑。

②烹调应用：煎酿凉瓜、煎酿三宝。

【任务评价】

主要原料	菜肴名称	评价要求	配分	得分
圆椒件、鱼肉、猪肉、蒜蓉、姜米、豉汁等	煎酿椒子	1. 准备好加工所需的工用具	5	
		2. 工衣、围裙、工帽、工鞋洁净，穿着规范	10	
		3. 选料合理，原料配搭合理	15	
		4. 刀工规格正确，操作熟练，成率符合要求	25	
		5. 菜肴成品芡色、味道、造型符合要求	25	
		6. 操作符合卫生要求	10	
		7. 在规定时间内完成任务	10	
得分			100	

【任务作业】

完成实训报告。

【任务视频】

任务视频

学习笔记

项目13 烹调技法：焗

【任务描述】

在中餐厨房后镬岗位中，烹调技法中焗的技术，属于后镬岗位的核心工作内容。要重点掌握焗的制作原理、焗制方法、原料配搭、刀工方法、芡色运用、火候运用、调味方式、操作要领、菜肴品种的变化等。

【学习目标】

①了解焗的原理。
②了解焗制菜肴的特点。
③掌握焗制菜肴的火候。
④掌握焗制的调味技术。

【素质提升】

培养严谨认真、精益求精的工匠精神，培养学生垃圾分类的环保意识。

一、焗的含义

焗，是指将加工后的原料经煎、炸或拉油处理增香、上色，放在铁镬或瓦罉内，加入汤水，调味，运用中火或中慢火加热至熟透或软烂而成菜的烹调方法。

二、焗的主要特点

①用料较为广泛，无论家禽家畜、水产海鲜、山珍野味，尤其是一些肉质较老韧、香味浓厚的原料，均适合焗的烹调方法。
②焗还有相对固定的配料，如红烧料、焗鸡料、姜葱焗料等。
③主料在焗制前，一般要经煎、炸或拉油处理。
④调味多搭配带颜色的调料，如蚝油、豉油，使其带有浅红或深红的芡色，形成较为浓厚的味道和较为鲜明的色泽。
⑤焗的火候主要采用先中火后中慢火，并加入一定量的汤水。
⑥菜肴成品具有质感软滑或软烂，口感柔和，滋味醇厚，香气浓郁，色泽红亮，味鲜汁香的特点。

三、焗的分类

焗一般可以分为镬上焗和瓦罉焗两种。

四、不同焗法的特点

1. 镬上焗

①使用铁镬烹制。

学习笔记

②原料经煎炸或拉油处理后，在镬中加入汤水调味，加盖，中火焗制。

③原汁要用湿粉勾芡。

④加温时间相对稍短。

⑤制作简便，效率较高，味香。

2. 瓦罉焗

①使用瓦罉烹制。

②原料经拉油等处理后，加入汤水调味，放入瓦罉中，加盖，中慢火焗制。

③原汁不用打芡，一般原罉上席。

④味特别香浓，别具特色。

五、焗的操作要领

①主料的煎色和炸色处理，色泽应为金红色或金黄色。

②根据原料性质和菜肴要求确定加热时的火候和下入汤水的量。

③焗法特别注重滋味，菜肴汁重味浓。

④汤汁应收汁至一定的程度，形成较为黏稠的自来汁或用湿粉勾芡。

【任务作业】

①焗的含义是什么?

②焗的主要特点是什么?

③不同焗法有哪些区别?

④焗的操作要领是什么?

六、焗的品种举例

镬上焗法：姜葱焗鲤鱼

【任务准备】

原料准备：鲤鱼600克，姜75克，葱250克，陈皮2克，精盐5克，味精5克，白糖3克，绍酒10克，蚝油10克，老抽15克，麻油2克，胡椒粉0.5克，淡汤400克，湿粉15克，食用油100克（图3.229）。

图3.229

【任务实施】

①将鲤鱼宰杀，去内脏，洗净，滤去水，用少量的精盐将鱼身内外擦匀。切好姜件、葱条、陈皮丝（图3.230）。

②猛火烧镬下油，搪镬后，将鲤鱼放入镬中，用中慢火将鲤鱼煎至两面色泽金黄，定型后，滤去油（图3.231）。

③利用镬中的余油，下姜葱爆透，溅酒，下淡汤，下鲤鱼、陈皮丝，调味、调色，加盖焗制至熟，将鲤鱼上碟（图3.232）。

④将姜葱铺放在鱼面上，原汁用湿粉勾芡，下包尾油拌匀，淋在鲤鱼面上即成（图3.233）。

图3.230

图3.231

图3.232

图3.233

学习笔记

【技术要领】

①掌握鲤鱼宰杀的刀工。

②注意姜葱的分量。

③掌握煎鱼的火候和技巧。

④掌握芡色和芡量。

【质量要求、烹调应用】

①质量要求：香气浓郁，味道鲜美，芡色金红，芡阔匀滑，鱼肉嫩滑，色泽鲜明。

②烹调应用：蚝油焗鸡、蚝油焗乳鸽。

【任务评价】

主要原料	菜肴名称	评价要求	配分	得分
姜、葱、鲤鱼、陈皮等	姜葱焗鲤鱼	1. 准备好加工所需的工用具	5	
		2. 工衣、围裙、工帽、工鞋洁净，穿着规范	10	
		3. 选料合理，原料配搭合理	15	
		4. 刀工规格正确，操作熟练，成率符合要求	25	
		5. 菜肴成品芡色、味道、造型符合要求	25	
		6. 操作符合卫生要求	10	
		7. 在规定时间内完成任务	10	
得分			100	

【任务作业】

完成实训报告。

【任务视频】

任务视频

瓦罉焗法：瓦罉焗水鱼

【任务准备】

原料准备：宰净水鱼750克，湿冬菇50克，火腿150克，蒜100克，姜件15克，葱条10克，蒜蓉2.5克，姜米5克，湿陈皮幼粒2.5克，精盐2.5克，味精10克，白糖3克，绍酒25克，蚝油15克，老抽15克，麻油2克，胡椒粉0.5克，生粉15克，淡汤400克，食用油750克（耗油100克）（图3.234）。

图3.234

【任务实施】

①将宰净的水鱼斩件，留水鱼裙边，去掉背部的硬壳。将火腿斩切成短方件，蒜头切去头尾（图3.235、图3.236）。

图3.235

图3.236

学习笔记

②将水鱼件飞水、洗净，猛火烧镬下油搪镬后，下姜葱、水鱼件，溅酒，爆透爆香，倒在疏壳中，用水冲洗后，滤去水，拍上干生粉（图3.237）。

③猛火烧镬下油。先用约180 ℃油温将蒜炸至色泽金黄，炸透，捞起，滤去油。再用约150 ℃油温将水鱼件拉油，滤去油（图3.238）。

④利用镬中的余油，下料头、火腿件、水鱼件，溅酒。炒香后，下淡汤、精盐、味精、白糖、蚝油、老抽等调味调色，在镬中煮约5分钟。转入预先放好竹笪的瓦罉内，转用小炉将水鱼焗制至烩滑，去掉竹笪，下麻油、胡椒粉拌匀，将水鱼裙排放在面上造型，原煲上席即成（图3.239）。

图3.237

图3.238

图3.239

【技术要领】

①宰杀水鱼要去清内脏、黄膏、血污和外皮。
②水鱼刀工均匀，件头不宜过小。
③掌握瓦罉焗制的方法。
④“自来汁”不需要勾芡。

【质量要求、烹调应用】

①质量要求：味道鲜浓，水鱼口感香烩软滑，具有瓦罉类菜肴的特殊风味。

②烹调应用：瓦罉焗鲤鱼、瓦罉焗金钱生鱼片。

【任务评价】

主要原料	菜肴名称	评价要求	配分	得分
水鱼、火腿、湿冬菇、蒜蓉、姜米、湿陈皮幼粒、蒜等	瓦罉焗水鱼	1. 准备好加工所需的工用具	5	
		2. 工衣、围裙、工帽、工鞋洁净，穿着规范	10	
		3. 选料合理，原料配搭合理	15	
		4. 刀工规格正确，操作熟练，成率符合要求	25	

续表

主要原料	菜肴名称	评价要求	配分	得分
水鱼、火腿、湿冬菇、蒜蓉、姜米、湿陈皮幼粒、蒜等	瓦罉焗水鱼	5. 菜肴成品芡色、味道、造型符合要求	25	
		6. 操作符合卫生要求	10	
		7. 在规定时间内完成任务	10	
得分			100	

【任务作业】

完成实训报告。

【任务视频】

项目14 烹调技法：焗

学习笔记

【任务描述】

在中餐厨房后镬岗位中，烹调技法中焗的技术，属于后镬岗位的核心工作内容。要重点掌握焗的制作原理、焗制方法、原料搭配、刀工方法、芡色运用、火候运用、调味方式、操作要领、菜肴品种的变化等。

【学习目标】

①了解焗的原理。
②了解焗制菜肴的特点。
③掌握焗制菜肴的火候。
④掌握焗制的调味技术。

【素质提升】

培养学生认真专注的学习态度，提高学生的专业技能，夯实学生的基本功。

一、焗的含义

焗，是指将原料腌制或经特殊处理后，使用密闭的加热方式对原料进行加热，促使原料受热，自身水分气化，由生至熟成为热菜的烹调方法。

二、焗的主要特点

①香浓醇厚，别具风味。
②菜式变化多，四季皆宜。
③适用范围广泛，形式不拘一格。
④味道丰富，齿颊留香。
⑤汤少汁稠，口感适中。

三、焗的分类

焗一般可以分为镬上焗法、瓦罉焗法、盐焗法、炉焗法4种。

四、不同焗法的特点

1. 镬上焗法

烹制时使用铁镬。多数原料先进行斩件的刀工处理，或采用本身体积较细小的烹饪原料。烹制过程一般是先经腌制，拉油之后加汤水或封味汁加盖焗熟。菜肴成熟后勾薄芡，混合拌匀后装盘。制作快捷、简便。

2. 瓦罉焗法

烹制时使用瓦罉。焗前一般需要腌制，焗时下汤水较少，成汁较浓稠，香浓醇厚。一般不需要勾芡，采用原汁淋在原料上。通常不适用于大规模生产、制作。

3. 盐焗法

原料经过腌制、表面着色等处理后，一般用砂纸包裹，埋放在炒至滚烫的粗粒生盐堆中，利用粗盐的高热传导热量使原料成熟。成品香味浓郁，肉嫩甘香。

4. 炉焗法

烹制时，使用电焗炉或电烤箱，利用焗炉或烤箱内的热空气或热辐射传热，使经腌味处理的原料成熟的具体焗法。炉焗法与烤法有相似之处。成品具有芳香的气味，并具有烤的特色。

五、焗的操作要领

1. 镬上焗法

要求原料鲜嫩，禽、畜或水产原料均可，有少量配料，原料通常斩件后烹制。原料焗前多经过腌制、拉油、煎制等处理。整个烹制过程中，加入一定量的汤水，用中火加热至原料熟透、入味后，用少量芡粉打芡。

2. 瓦罉焗法

要求原料鲜嫩，基本为肉类原料，禽类和水产类原料较多。原只原条烹制，禽类原料焗熟后斩件。原料焗前腌制入味，经过煎或炸的处理上色增香。

3. 盐焗法

使用禽类或水产类原料较多，基本没有配料，多为原只原条烹制。原料焗前腌制入味，用涂上猪油的砂纸进行包裹，不能松散。使用粗海盐，有一种独特的香味。盐量要多，并且加热至滚烫。

4. 炉焗法

原料选用广泛，以肉料为主，多有配料。可原只原条制作，也可碎件制作。原料经过腌制处理，多数要包裹后才入炉焗制，包裹可用锡纸、荷叶、面团等。焗炉温度与加热时间直接影响炉焗菜肴的色泽、香味、熟度、口感等。

【任务作业】

1. 焗的含义是什么?
2. 焗的主要特点是什么?
3. 不同焗法有哪些区别?
4. 焗的操作要领是什么?

六、焗的品种举例

镬上焗法：瑞士焗排骨

【任务准备】

原料准备：排骨400克，马铃薯300克，蒜蓉1.5克，茄汁35克，精盐5克，味精5克，白糖5克，绍酒15克，淡汤400克，湿粉10克，威化片15克，食用油1000克（耗油100克）（图3.240）。

图3.240

【任务实施】

①将排骨斩成日字形。将马铃薯去皮，切成菱形件（图3.241、图3.242）。

②马铃薯件用约210 ℃炸至色泽金黄、硬朗，炸熟，滤去油。将威化片（虾片）炸透捞起，滤去油（图3.243、图3.244）。

③排骨拍上干生粉，用约150 ℃拉油至刚熟，滤去油（图3.245）。

④利用镬中的余油，下料头、排骨略爆炒，溅酒，下淡汤，下马铃薯，加入精盐、味精、白糖、茄汁等调味，加盖焗至熟（图3.246）。

⑤用少量湿粉勾芡，下包尾油，拌匀上碟，将炸好的威化片围边即成（图3.247）。

图3.241

图3.242

图3.243

图3.244

图3.245

图3.246

图3.247

学习笔记

【技术要领】

①排骨的刀工型格要均匀。
②掌握炸制马铃薯件的方法。
③注意下料头、排骨爆炒时的火候。
④芡色和芡量的掌握。

【质量要求、烹调应用】

①质量要求：芡色大红鲜艳，味道鲜美、带酸甜，马铃薯口感焓软，排骨嫩滑。
②烹调应用：西汁焗鸡件、西汁焗牛肉饼。

【任务评价】

主要原料	菜肴名称	评价要求	配分	得分
排骨、马铃薯、蒜蓉、茄汁、威化片等	瑞士焗排骨	1. 准备好加工所需的工用具	5	
		2. 工衣、围裙、工帽、工鞋洁净，穿着规范	10	
		3. 选料合理，原料配搭合理	15	
		4. 刀工规格正确，操作熟练，成率符合要求	25	
		5. 菜肴成品芡色、味道、造型符合要求	25	
		6. 操作符合卫生要求	10	
		7. 在规定时间内完成任务	10	
得分			100	

【任务作业】

完成实训报告。

【任务视频】

任务视频

学习笔记

瓦镬焗法：瓦罉葱油鸡

【任务准备】

原料准备：原只光鸡750克，葱300克，姜25克，八角1粒，精盐10克，味精7.5克，生抽15克，西凤酒20克，食用油150克（图3.248）。

图3.248

【任务实施】

①将光鸡洗净，滤干水，在鸡内膛擦匀精盐、味精，在鸡外皮上涂上生抽，涂匀，腌制20分钟左右（图3.249）。

②起镬下油搪镬，将光鸡表面煎至色泽金黄，取出备用（图3.250）。

③在内膛放入葱条、姜片、八角、西凤酒（图3.251）。

④在瓦罉内按井字形放入葱条，将光鸡侧平放在葱条面上，加入食用油，加盖。先猛火加热至滚，再转用中火加热，约15分钟后，将鸡身反转（图3.252）。

⑤待鸡熟后，倒出原汁，慢火焗约5分钟，取出，斩件上碟，砌回鸡形，将原汁调味淋在鸡面上即成（图3.253）。

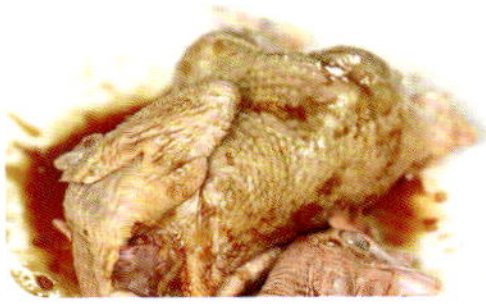

图3.249

图3.250

图3.251

图3.252

图3.253

【技术要领】

①掌握光鸡煎色的方法。
②调味的味道合适。
③葱、油的分量要足够。
④掌握焗制的火候和熟度。
⑤掌握斩件砌回鸡形的刀工方法。

【质量要求、烹调应用】

①质量要求：香味浓烈，皮色金黄，皮爽肉滑，肉质鲜嫩。
②烹调应用：瓦罐焗蟹、葱油焗鸡（口福鸡）。

【任务评价】

主要原料	菜肴名称	评价要求	配分	得分
原只光鸡、葱、西凤酒、姜、八角、食用油等	瓦罐葱油鸡	1. 准备好加工所需的工用具	5	
		2. 工衣、围裙、工帽、工鞋洁净，穿着规范	10	
		3. 选料合理，原料配搭合理	15	
		4. 刀工规格正确，操作熟练，成率符合要求	25	
		5. 菜肴成品芡色、味道、造型符合要求	25	
		6. 操作符合卫生要求	10	
		7. 在规定时间内完成任务	10	
得分			100	

【任务作业】

完成实训报告。

【任务视频】

任务视频

学习笔记

盐焗法：正式盐焗鸡

【仨务准备】

原料准备：原只光鸡750克，姜片5克，葱条5克，八角1粒，芫荽段20克，粗盐5000克，精盐20克，味精10克，生抽15克，西凤酒20克，砂纸3张，沙姜盐20克，食用油100克（图3.254）。

图3.254

【任务实施】

①将去清内脏和幼毛的光鸡洗净，滤干水，用精盐、味精将光鸡内外涂匀。在鸡内膛中放入姜片、葱条、八角、西凤酒，在鸡表皮涂匀生抽（图3.255）。

②使用3张砂纸，其中2张涂上食用油，分别将鸡包裹紧密，用没有涂上食用油的砂纸包裹（图3.256）。

③将粗盐用猛火炒至滚烫，将包裹好的鸡放入粗盐中，用热盐覆盖。加盖关火焗制约15分钟后，将鸡取出。重新将粗盐炒至滚烫，将鸡翻转，再焗约15分钟至熟（图3.257）。

④将鸡取出，拆去砂纸，斩件上碟，砌回鸡形，围上芫荽段，加入沙姜盐、味精、熟油调成的味汁上席即成（图3.258）。

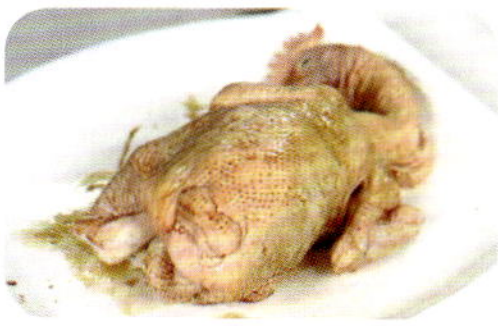

图3.255

图3.256

图3.257

图3.258

【技术要领】

①光鸡质量好。
②粗盐分量足。
③掌握炒盐的温度。
④掌握焗制的时间。

【质量要求、烹调应用】

①质量要求：香味浓烈，肉嫩甘香，皮爽骨香入味，风味独特。
②烹调应用：东江盐焗鸡、盐焗子母鸡。

【任务评价】

主要原料	菜肴名称	评价要求	配分	得分
粗盐、原只光鸡、姜片、葱条、八角、西凤酒等	正式盐焗鸡	1. 准备好加工所需的工用具	5	
		2. 工衣、围裙、工帽、工鞋洁净，穿着规范	10	
		3. 选料合理，原料配搭合理	15	
		4. 刀工规格正确，操作熟练，成率符合要求	25	
		5. 菜肴成品芡色、味道、造型符合要求	25	
		6. 操作符合卫生要求	10	
		7. 在规定时间内完成任务	10	
得分			100	

【任务作业】

完成实训报告。

【任务视频】

学习笔记

炉焗法：荷香鸡

【任务准备】

原料准备：原只光鸡750克，猪网油50克，腐皮1张，湿冬菇25克，咸蛋黄3个，肉丝100克，姜蓉15克，葱丝25克，荷叶2张，面粉1000克，精盐10克，味精6克，白糖3克，绍酒10克，清水350克，食用泪50克（图3.259）。

图3.259

【任务实施】

①将光鸡洗净，滤干水，内膛用姜蓉、葱丝、精盐、味精、白糖、绍酒擦匀，腌制20分钟左右（图3.260）。

②湿冬菇切丝，飞水，拌湿粉的肉丝拉油，调味勾芡，装在碗中备用（图3.261）。

③将湿冬菇丝、肉丝、咸蛋黄一起填入鸡的内膛中（图3.262）。

④用猪网油、腐皮、涂过油的荷叶逐层包裹光鸡（图3.263）。

⑤用清水、绍酒将面粉揉成面团。将面团压薄，包裹光鸡，放入炕盘中。放入焗炉用约200 ℃的温度加热约3小时至熟（图3.264、图3.265）。

⑥在客人面前将烤干的面粉皮敲碎，取出，打开荷叶上碟即成（图3.266）。

图3.260

图3.261

图3.262

图3.263

图3.264

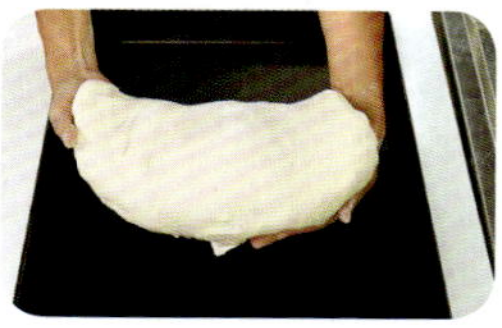

图3.265

图3.266

【技术要领】

①掌握光鸡的包裹方法。

②掌握和面团的方法。

③掌握焗制的火候和熟度。

④可以配刀叉由客人分食或斩件上碟。

【质量要求、烹调应用】

①质量要求：气味清香，滋味丰富，肉质软滑，鲜美肥嫩，独具特色。

②烹调应用：荷香鸭、荷香鹅。

【任务评价】

学习笔记

主要原料	菜肴名称	评价要求	配分	得分
原只光鸡、姜蓉、葱丝、绍酒、湿冬菇、肉丝、咸蛋黄、猪网油、腐皮、面粉等	荷香鸡	1. 准备好加工所需的工用具	5	
		2. 工衣、围裙、工帽、工鞋洁净，穿着规范	10	
		3. 选料合理，原料配搭合理	15	
		4. 刀工规格正确，操作熟练，成率符合要求	25	
		5. 菜肴成品芡色、味道、造型符合要求	25	
		6. 操作符合卫生要求	10	
		7. 在规定时间内完成任务	10	
得分			100	

【任务作业】

完成实训报告。

【任务视频】

任务视频

项目15 烹调技法：滚

【任务描述】

在中餐厨房后镬岗位中，烹调技法中滚的技术，属于后镬岗位的核心工作内容。要重点掌握滚的制作原理、滚制方法、原料配搭、刀工方法、火候运用、调味方式、操作要领、菜肴品种的变化等。

【学习目标】

①了解滚的原理。
②了解滚制菜肴的特点。
③掌握滚制菜肴的火候。
④掌握滚制的调味技术。

【素质提升】

提升学生的职业认同感，培养学生的创新思维，展示蓬勃向上的朝气。

一、滚的含义

滚，即滚汤，是指将加工好的原料依次放入猛火至滚的汤水中，调味，短时间加热而成汤菜的烹调方法。

二、滚的主要特点

①原料着重于鲜和嫩，可荤可素，通常荤素配搭。

②原料的刀工形状多为细薄，不宜过于厚、大，原料一般较少带骨，快熟，易于出味。

③猛火短时间加热，原料至熟即可。保持原料嫩滑，形成汤清味鲜的美味。

④滚汤可以用清水也可以用汤水，根据菜肴档次而定。

⑤滚汤菜品基本上不需要造型，将汤料混合在一起，不分主次，调味比较简单，突出原料的鲜味。

三、滚的分类

滚可以分为生滚法和白滚法两种。其中，大部分菜肴采用生滚法。生滚法又包括清滚法和煎滚法两种。

四、不同滚法的特点

1. 生滚法

生滚法包括清滚法和煎滚法两种。

①清滚法。加工后的原料按次序放入猛火加热至滚的汤水中，调味，短时间加热至熟

学习笔记

或熟透而成汤菜。原料嫩滑或爽脆，汤清味鲜，用于大多数肉料。

②煎滚法。煎滚一般适用于滚鱼汤，鱼用油煎透后，加入滚的汤水猛火滚至汤色奶白。成品汤色奶白香浓，味道鲜甜。

2. 白滚法

白滚法，即“生窝”，是指将生料切好，根据生料的性质决定是否腌制。把各式配制好的生料上碟造型，跟上“窝底”送到客人席上，由客人亲自将生料下窝烫熟后，蘸上各式酱料而食。

五、滚的操作要领

1. 生滚法（包括清滚法和煎滚法）

（1）清滚法

①全过程使用猛火。

②水滚后可以放入原料，根据原料受热程度依次放入。

③为了让肉料更加嫩滑、爽嫩，可以对肉料进行腌制或拌上湿粉，有异味或血水重的肉料，应先飞水处理。

④掌握好原料的熟度，一般以保持原料嫩滑、爽嫩、软嫩为原则，加热时间不宜过长，个别菜品例外。

⑤调味一般在下齐原料后进行，味道不宜浓、重，以保持汤清味鲜为主。

（2）煎滚法

①热镬冷油，慢火将鱼两面煎透。

②溅酒后，加入烧滚的汤水，加盖，猛火加热。

③汤色奶白后，再放入配料，尤其是蔬菜。

④由于全过程使用猛火，加热时间比一般滚汤要长，因此，所下汤水比需要量多1/3以上。

2. 白滚法

①原料性质和色彩的配搭。

②刀工均匀，排砌美观。

③佐料酱汁的调配。

【任务作业】

①滚的含义是什么?

②滚的主要特点是什么?

③不同滚法有哪些区别?

④滚的操作要领是什么?

六、滚的品种举例

清滚法：咸蛋芥菜汤

【任务准备】

原料准备：咸蛋2只，芥菜150克，姜片1.5克，淡汤750克，精盐2克，味精5克，麻油2克，胡椒粉0.5克，食用油25克（图3.267）。

图3.267

【任务实施】

①将咸蛋黄放在砧板上用刀压扁。芥菜切段，姜切成姜片（图3.268）。
②猛火烧镬下油，搪镬后，溅酒，下淡汤，下咸蛋黄（图3.269）。
③汤滚起后，下芥菜、调味，将芥菜滚熟（图3.270）。
④放入咸蛋白，略滚后，将汤盛入汤窝中即成（图3.271）。

图3.268

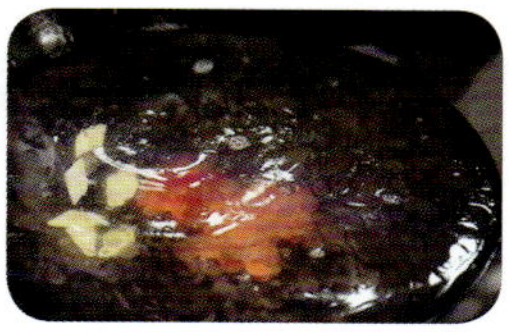

图3.269

图3.270

图3.271

【技术要领】

①掌握咸蛋黄的处理方法。

学习笔记

②掌握咸蛋白的处理方法。
③掌握滚汤的火候。
④注意调味的分量。

【质量要求、烹调应用】

①质量要求：汤量合适，芥菜翠绿，汤清味鲜。
②烹调应用：生菜胆肉片汤、枸杞鱼片汤。

【任务评价】

主要原料	菜肴名称	评价要求	配分	得分
咸蛋、芥菜、姜片、淡汤等	咸蛋芥菜汤	1. 准备好加工所需的工用具	5	
		2. 工衣、围裙、工帽、工鞋洁净，穿着规范	10	
		3. 选料合理，原料配搭合理	15	
		4. 刀工规格正确，操作熟练，成率符合要求	25	
		5. 菜肴成品芡色、味道、造型符合要求	25	
		6. 操作符合卫生要求	10	
		7. 在规定时间内完成任务	10	
得分			100	

【任务作业】

完成实训报告。

【任务视频】

任务视频

煎滚法：豆腐鱼头汤

【任务准备】

原料准备：豆腐4小件，大鱼头400克，姜片1.5克，菜远200克，精盐7.5克，味精5克，麻油2克，胡椒粉0.5克，绍酒10克，淡汤1750克，食用油25克（图3.272）。

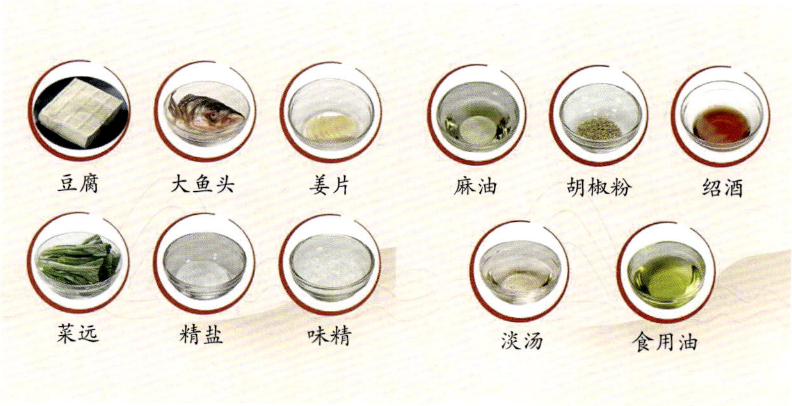

图3.272

【任务实施】

①豆腐切件，鱼头斩件，菜心切成菜远，姜切片（图3.273）。

②猛火烧镬下油搪镬，下鱼头、姜片，用中慢火煎至色泽金黄，并煎透（图3.274）。

③溅酒，下淡汤，下豆腐，加盖猛火滚至汤色奶白（图3.275）。

④放入盐、味精、麻油、胡椒粉调味，放入菜远，滚熟后，盛入汤窝中即成（图3.276）。

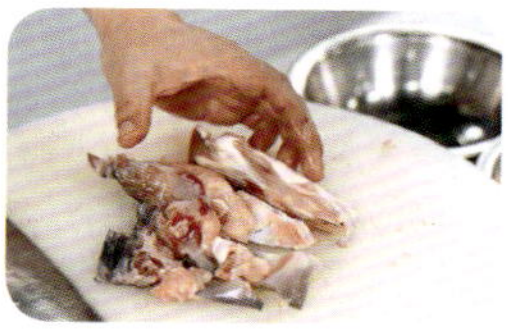

图3.273

图3.274

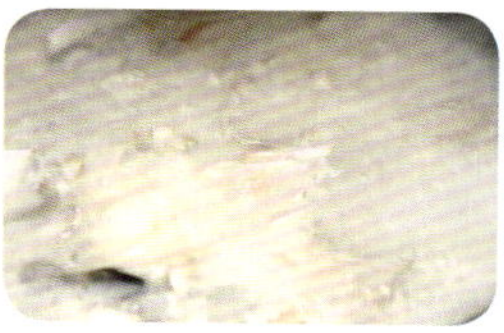

图3.275

图3.276

【技术要领】

①应选择大鱼头制作鱼头汤。

②鱼头的分量要足。

③掌握煎鱼头的方法。
④汤已滚好、汤色奶白时再调味。

学习笔记

【质量要求、烹调应用】

①质量要求：汤色奶白，汤味香浓，豆腐软嫩，菜远翠绿。
②烹调应用：豆腐鱼云汤、山斑鱼豆腐汤。

【任务评价】

主要原料	菜肴名称	评价要求	配分	得分
大鱼头、豆腐、菜远、姜片、淡汤等	豆腐鱼头汤	1. 准备好加工所需的工用具	5	
		2. 工衣、围裙、工帽、工鞋洁净，穿着规范	10	
		3. 选料合理，原料配搭合理	15	
		4. 刀工规格正确，操作熟练，成率符合要求	25	
		5. 菜肴成品芡色、味道、造型符合要求	25	
		6. 操作符合卫生要求	10	
		7. 在规定时间内完成任务	10	
得分			100	

【任务作业】

完成实训报告。

【任务视频】

任务视频

项目16 烹调技法：灼

【任务描述】

在中餐厨房后镬岗位中，烹调技法中灼的技术，属于后镬岗位的核心工作内容。要重点掌握灼的制作原理、灼制方法、原料配搭、刀工方法、火候运用、调味方式、操作要领、菜肴品种的变化等。

【学习目标】

①了解灼的原理。
②了解灼制菜肴的特点。
③掌握灼制菜肴的火候。
④掌握灼制的调味技术。

【素质提升】

培养学生刻苦学习、勇于探索的奋斗精神。

一、灼的含义

灼，是指将生料放入用猛火加热至大滚的汤水中，使生料迅速加热至刚熟的烹调方法，通常搭配佐味碟蘸食。

二、灼的主要特点

①原料新鲜，质地爽口或脆嫩。
②原料型格较薄、较小，不带骨，容易成熟。
③灼的水量较多，水大滚时，放入原料，使用猛火，刚熟则可。
④以佐味碟调味，味汁具有一定的特色。
⑤成品以保持原味为主，质感爽口或脆嫩。

三、灼的分类

灼可以分为白灼法和生灼法两种。

四、不同灼法的特点

1. 白灼法

白灼法是指将生料经刀工处理和腌制后，直接放入大滚的味汤中迅速加热至刚熟的方法。白灼多使用肉类原料，部分肉料带有腥膻异味，因此多采用腌制。

2. 生灼法

生灼法是指直接将生料放入已经猛火加热至大滚的水中迅速加热至刚熟的方法。生灼法适用的原料动、植物均可，其中，植物原料较多。

学习笔记

五、灼的操作要领

1. 白灼法

①根据原料性质决定是否腌制。

②用少许油爆香姜葱，溅酒后放汤水，以增加香味，去除异味。

③全过程使用猛火，水大滚后，放入原料，迅速加热至刚熟。

④原料灼熟后，如果需要进一步去除异味，需要重新在油镬中猛火煸爆后才上碟。

⑤佐味碟的调味汁与原料味道相配。

2. 生灼法

①全程使用猛火，水滚下料。

②蔬菜原料可以下一些油在水中。

③水量要比原料多，原料能迅速加热至熟。

④味汁通常用味碟盛装，也可直接淋在原料上。

【任务作业】

①灼的含义是什么?

②灼的主要特点是什么?

③不同灼法有哪些区别?

④灼的操作要领是什么?

六、灼的品种举例

白灼法：白灼鲜鱿鱼

【任务准备】

原料准备：净鲜鱿鱼500克，绍酒15克，姜汁酒10克，姜件15克，葱条10克，淡汤500克，虾酱20克，蚝油20克，食用油75克（图3.277）。

图3.277

【任务实施】

①将鲜鱿鱼刻上花纹，切成三角形件（图3.278）。

②用姜汁酒腌制约10分钟（图3.279）。

③猛火烧镬下油，搪镬后，下姜葱爆透，溅酒，下淡汤，烧沸后，去掉姜葱（图3.280）。

④将鲜鱿鱼放入镬中，灼至刚熟，捞起，滤去水（图3.281）。

⑤起镬下油搪镬，放入鲜鱿鱼，溅酒，迅速炒匀上碟。烧热油，放入盛有虾酱和蚝油的两个小碟中，与鲜鱿鱼一同上菜即成（图3.282）。

图3.278

图3.279

图3.280

图3.281

图3.282

【技术要领】

①掌握鲜鱿鱼的刀工处理方法。

②掌握白灼的操作方法。

③掌握灼制时的火候和熟度。

④掌握佐料的调制。

【质量要求、烹调应用】

①质量要求：刀工均匀，形状美观，味鲜脆嫩。

②烹调应用：白灼响螺片、白灼牛双胘。

【任务评价】

主要原料	菜肴名称	评价要求	配分	得分
净鲜鱿鱼、姜件、葱条、绍酒、淡汤、虾酱、蚝油等	白灼鲜鱿鱼	1. 准备好加工所需的工用具	5	
		2. 工衣、围裙、工帽、工鞋洁净，穿着规范	10	
		3. 选料合理，原料配搭合理	15	
		4. 刀工规格正确，操作熟练，成率符合要求	25	
		5. 菜肴成品芡色、味道、造型符合要求	25	

续表

主要原料	菜肴名称	评价要求	配分	得分
净鲜鱿鱼、姜件、葱条、绍酒、淡汤、虾酱、蚝油等	白灼鲜鱿鱼	6. 操作符合卫生要求	10	
		7. 在规定时间内完成任务	10	
得分			100	

【任务作业】

完成实训报告。

【任务视频】

任务视频

生灼法：生灼鹅肠

【任务准备】

原料准备：鹅肠500克，青、红椒丝25克，麻油2克，精盐5克，味精5克，干生粉20克，淡汤750克，蚝油20克，食用油10克（图3.283）。

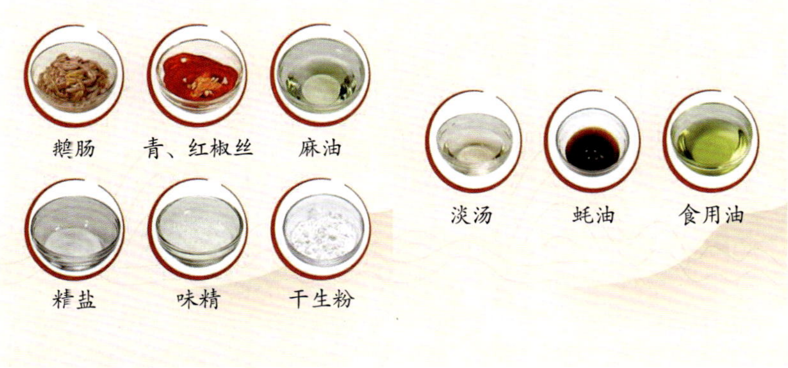

图3.283

【任务实施】

①用剪刀将鹅肠剪开，先洗去鹅肠内的污物，再用适量干生粉（或精盐）拌擦鹅肠。洗净后，用清水漂浸鹅肠至去清杂质，捞起，滤去水，切成长约8厘米的段（图3.284）。

②分别将青、红尖椒切成椒丝待用（图3.285）。

③猛火烧沸水，下精盐、鹅肠灼至刚熟，捞起，盛入碟中，加入青、红椒丝，麻油，味精拌匀（图3.286）。

④烧沸油，加入蚝油中，搭配佐料蘸食即成（图3.287）。

图3.284

图3.285

图3.286

图3.287

【技术要领】

①鹅肠要新鲜。

②洗净鹅肠的污物。

③鹅肠切段不宜过短。

④掌握灼制的火候和熟度。

【质量要求、烹调应用】

①质量要求：刀工均匀，鹅肠爽脆嫩滑，味道鲜美。

②烹调应用：生灼基围虾、生灼芥蓝。

【任务评价】

主要原料	菜肴名称	评价要求	配分	得分
鹅肠、淡汤、蚝油等	生灼鹅肠	1. 准备好加工所需的工用具	5	
		2. 工衣、围裙、工帽、工鞋洁净，穿着规范	10	
		3. 选料合理，原料配搭合理	15	
		4. 刀工规格正确，操作熟练，成率符合要求	25	
		5. 菜肴成品芡色、味道、造型符合要求	25	

学习笔记

续表

主要原料	菜肴名称	评价要求	配分	得分
鹅肠、淡汤、蚝油等	生灼鹅肠	6. 操作符合卫生要求	10	
		7. 在规定时间内完成任务	10	
得分			100	

【任务作业】

完成实训报告。

【任务视频】

任务视频

项目17 烹调技法：浸

【任务描述】

在中餐厨房后镬岗位中，烹调技法中浸的技术，属于后镬岗位的核心工作内容。要重点掌握浸的制作原理、浸制方法、原料配搭、刀工方法、火候运用、上汤运用、调味方式、操作要领、菜肴品种的变化等。

【学习目标】

①了解浸的原理。
②了解浸制菜肴的特点。
③掌握浸制菜肴的火候。
④掌握浸制的调味技术。

【素质提升】

培养学生精工至善、创新致远、实干争先的工匠精神。

一、浸的含义

浸，是指将大量的液体传热介质加热至一定的温度，然后将原料放入，浸没，保持一定的温度，使原料慢慢受热至熟的一种烹调方法。

二、浸的主要特点

①选用比较新鲜、嫩滑的肉类原料。
②所需要的液体传热介质比较多，要浸没原料。
③只要保持慢火即可。
④加热后以调味为主。
⑤成品味鲜、嫩滑，是浸制菜肴主要的特点。

三、浸的分类

浸可以分为油浸法、汤浸法、水浸法3种。

四、不同浸法的特点

1. 油浸法

油浸法是指以油为传热介质，将经过处理的生肉料放入已加热（约180 ℃）的油中，端离火位，利用油温将原料加热至熟的方法。油浸适用于形体较为细小的鱼类，成品外香内嫩。

2. 汤浸法

汤浸法是指以汤为传热介质，将经过处理的生肉料放入已加热至微滚的大量汤水中，让生料受热慢慢至熟的方法。汤浸法适合禽类原料，成品肉质嫩滑，不仅不会损失原味，还会增加鲜味。

3. 水浸法

水浸法是指以水为传热介质，将经过处理的生肉料放入已加热至微滚的大量水中，让生料受热慢慢至熟的方法。水浸法适用于鱼类原料，成品肉质嫩滑。

学习笔记

五、浸的操作要领

1. 油浸法

①原料一般用姜汁酒、生抽腌制。

②掌握好放入原料时的油温。放入原料后，一般要端离火位。

③取出原料置于碟上，另行调味，通常使用豉油皇味汁。

2. 汤浸法

①汤水量要足。

②水微滚后，放入原料，如原料是原只禽类，要反复浸入，提起3次，使原料内外受热均匀。

③水温保持在90 ℃以上，不能滚起，以原料刚熟为好。

④取出原料后，用冷汤水迅速浸没，晾冻。

3. 水浸法

①水量比较足，猛火加热至水沸。

②将原料整体放入，水一定要浸过原料。

③慢火加热，但水不能滚起。如水量多，则可不加热。

④捞起时，要注意保持原料的形状。

⑤调味合适，要掌握菜肴味道的特点。

【任务作业】

①浸的含义是什么?

②浸的主要特点是什么?

③不同浸法有哪些区别?

④浸的操作要领是什么?

六、浸的品种举例

油浸法：油浸生鱼

【任务准备】

原料准备：生鱼400克，葱丝20克，姜汁酒15克，生抽15克，味精5克，白糖10克，淡汤50克，胡椒粉0.5克，食用油750克（耗油75克）（图3.288）。

图3.288

【任务实施】

①将生鱼宰杀、打鳞、去鳃，开背，取出内脏，在鱼面刻上大菱形花刀，洗净，滤去水（图3.289）。

②用姜汁酒、生抽拌匀腌制（图3.290）。

③烧镬下油，约180 ℃时，两只手分别抓住鱼的头部和尾部，下镬定型后，放入油中。随即端离火位，将生鱼油浸至熟，捞起，滤去油（图3.291）。

④将生鱼放入碟中，撒上胡椒粉、葱丝，加滚油（图3.292）。

⑤将生抽、淡汤、味精、白糖调成味汁（豉油皇），淋在生鱼旁边即成（图3.293）。

图3.289

图3.290

图3.291

图3.292

图3.293

【技术要领】

①掌握生鱼开背取内脏的刀工方法。

②掌握生鱼的腌制方法。

③注意油量不宜过少。

④掌握下镬的油温和熟度。

⑤掌握豉油皇的调制方法。

学习笔记

【质量要求、烹调应用】

①质量要求：外表香酥，肉质嫩滑，味道鲜美，造型美观。

②烹调应用：油浸山斑鱼、油浸乌鱼。

【任务评价】

主要原料	菜肴名称	评价要求	配分	得分
生鱼、葱丝、生抽等	油浸生鱼	1. 准备好加工所需的工用具	5	
		2. 工衣、围裙、工帽、工鞋洁净，穿着规范	10	
		3. 选料合理，原料配搭合理	15	
		4. 刀工规格正确，操作熟练，成率符合要求	25	
		5. 菜肴成品芡色、味道、造型符合要求	25	
		6. 操作符合卫生要求	10	
		7. 在规定时间内完成任务	10	
得分			100	

【任务作业】

完成实训报告。

【任务视频】

任务视频

汤浸法：白切鸡

【任务准备】

原料准备：光鸡项1只（约750克），姜蓉50克，葱白丝50克，精盐5克，味精5克，食用油60克（图3.294）。

图3.294

【任务实施】

①姜磨成姜蓉，葱白切成丝，加入精盐、味精拌匀，盛入小碗，油烧至微沸，放入小碗中（图3.295）。

②光鸡项去内脏、黄衣、幼毛，洗净，滤干水（图3.296）。

③将光鸡项放入微沸的汤中提拉几次后，浸没，关火约浸20分钟至刚熟，取起。放入冷开水中浸没，冷却，捞起，吸干鸡表皮的水，抹上熟油（图3.297）。

④斩件上碟，砌回鸡形，跟佐料蘸食即成（图3.298）。

图3.295

图3.296

图3.297

图3.298

【技术要领】

①光鸡项的质量要好。

②掌握浸鸡的火候和熟度鉴别。

③鸡浸熟后要冷却。

④掌握斩鸡砌回鸡形的方法。

学习笔记

【质量要求、烹调应用】

①质量要求：刀工均匀紧贴，砌回鸡形，皮爽，肉嫩滑，味道鲜美。

②烹调应用：白切鸭、白切猪肚。

【任务评价】

主要原料	菜肴名称	评价要求	配分	得分
光鸡项、姜蓉、葱白丝等	白切鸡	1. 准备好加工所需的工用具	5	
		2. 工衣、围裙、工帽、工鞋洁净，穿着规范	10	
		3. 选料合理，原料配搭合理	15	
		4. 刀工规格正确，操作熟练，成率符合要求	25	
		5. 菜肴成品芡色、味道、造型符合要求	25	
		6. 操作符合卫生要求	10	
		7. 在规定时间内完成任务	10	
得分			100	

【任务作业】

完成实训报告。

【任务视频】

任务视频

水浸法：五柳浸鲩鱼

【任务准备】

原料准备：鲩鱼1条（约1000克），精盐5克，五柳100克，蒜蓉1克，姜丝5克，青、红椒丝15克，葱丝25克，胡椒粉1克，糖醋300克，湿粉10克，食用油100克（图3.299）。

图3.299

【任务实施】

①鲩鱼打鳞，去鳃，宰杀洗净，滤去水，用精盐擦匀鱼身内外（图3.300）。

②蒜头剁成蒜蓉，青、红尖椒切中丝，葱切成丝，五柳切成中丝（图3.301）。

③按照原白醋500克、片糖300克、精盐19克、茄汁35克、喼汁35克的比例调制糖醋汁（图3.302）。

④烧沸水，下鲩鱼，加盖浸至熟，捞起，滤去水，放在碟中（图3.303）。

⑤撒上胡椒粉、葱丝，加滚油（图3.304）。

⑥利用镬中的余油，下料头，溅酒，下糖醋，用湿粉勾芡，下包尾油拌匀，淋在鲩鱼面上即成（图3.305）。

图3.300

图3.301

图3.302

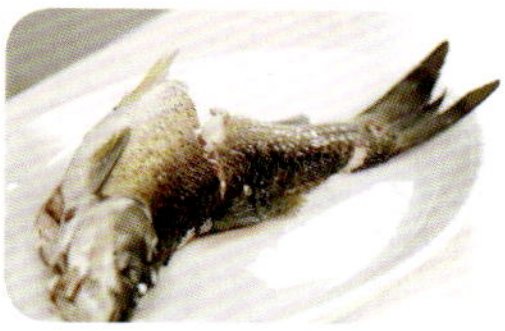

图3.303

图3.304

图3.305

学习笔记

【技术要领】

①掌握糖醋汁的调制方法。
②浸鱼的水量要足够多。
③掌握浸鱼熟度的鉴别方法。
④掌握芡色和芡量。

【质量要求、烹调应用】

①质量要求：色泽大红，酸甜可口，肉质嫩滑，肉味清鲜。
②烹调应用：油盐水浸鲈鱼、盐水浸菜心。

【任务评价】

主要原料	菜肴名称	评价要求	配分	得分
鲩鱼、五柳、湿粉、糖醋等	五柳浸鲩鱼	1. 准备好加工所需的工用具	5	
		2. 工衣、围裙、工帽、工鞋洁净，穿着规范	10	
		3. 选料合理，原料配搭合理	15	
		4. 刀工规格正确，操作熟练，成率符合要求	25	
		5. 菜肴成品芡色、味道、造型符合要求	25	
		6. 操作符合卫生要求	10	
		7. 在规定时间内完成任务	10	
得分			100	

【任务作业】

完成实训报告。

【任务视频】

任务视频

项目18 烹调技法：烩

【任务描述】

在中餐厨房后镬岗位中，烹调技法中烩的技术，属于后镬岗位的核心工作内容。要重点掌握烩的制作原理、烩制方法、原料配搭、刀工方法、火候运用、上汤运用、调味方式、操作要领、菜肴品种的变化等。

【学习目标】

①了解烩的原理。
②了解烩制菜肴的特点。
③掌握烩制菜肴的火候。
④掌握烩制的调味技术。

【素质提升】

培养学生爱岗敬业、吃苦耐劳的精神，激发学生学习的热情和职业责任感。

一、烩的含义

烩，即烩羹，是指将多种小型并经初步熟处理的原料放在一定量的汤水中，调味后，加热至微滚，推入芡粉成为羹汤的烹调方法。

二、烩的主要特点

①原料使用广泛，有荤有素，多种原料搭配。
②均为小型的、不带骨的原料，多为片、丝、粒、蓉等。
③大部分原料要分别经过不同的初步熟加工处理，才烩入汤水中。
④加热的时间比较短，将汤水加热至微滚，推入芡粉成熟糊化便可。
⑤烩羹的调味比较简单，主要是掌握好羹汤的芡色，由芡色决定羹汤的风味特色。
⑥烩羹使用的汤多为清汤（即高汤、上汤），汤色清澈，味鲜甜、香醇，入口柔滑。

三、烩的分类

烩可以分为白烩法和红烩法两种。

四、不同烩法的特点

1. 白烩法

芡色除了保持原汤的色泽，还可以加入蟹肉、鸡蛋清等使汤羹呈白色，味较为清鲜。

2. 红烩法

通过老抽调色或使用原汤，芡色多呈金黄色、浅红色和深红色，味较为香浓。

学习笔记

五、烩的操作要领

①原料的刀工处理，形状要协调，细薄、不带骨，以丝、片、粒、蓉居多。

②原料需要进行初步熟处理，处理方法通常有“滚”、“飞水”、拉油、蒸、煲、“煨”等。

③原料与汤水具有一定的比例，一般为1：2。

④高档汤羹用高汤，中档汤羹用上汤，低档汤羹用二汤，汤的使用决定了羹的质量。

⑤微滚推入芡粉，不能大滚。芡的稀稠度以能使原料浮起与汤水混合成一体为原则。

⑥根据汤羹的菜品要求决定白烩或者红烩。

【任务作业】

①烩的含义是什么?
②烩的主要特点是什么?
③不同烩法有哪些区别?
④烩的操作要领是什么?

六、烩的品种举例

白烩法：西湖牛肉羹

【任务准备】

原料准备：牛肉片500克，熟蟹肉75克，蛋白100克，芫荽叶10克，淡汤1500克，精盐6克，味精6克，绍酒10克，麻油2克，胡椒粉0.5克，湿粉25克，食用油25克（图3.306）。

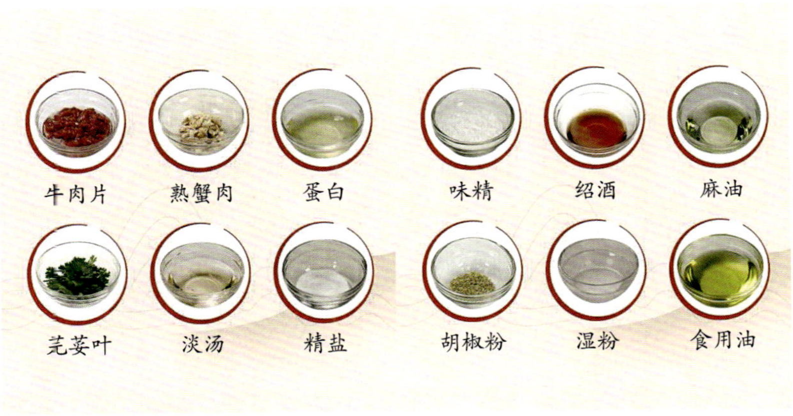

图3.306

【任务实施】

①将牛肉顺纹开条，横纹切片，刀工规格约为5厘米×3厘米×0.2厘米（图3.307）。

②按照牛肉500克、食粉6克、生抽10克、生粉25克、食用油25克、清水75克的比例将牛肉片腌制约30分钟（图3.308）。

③将腌好的牛肉片剁成蓉，备用（图3.309）。

④牛肉蓉飞水后，倒在疏壳里，滤去水（图3.310）。

⑤烧镬下油，溅酒，下淡汤、牛肉蓉，加入精盐、味精、麻油、胡椒粉调味（图3.311）。

⑥汤微滚时，用湿粉推汤羹芡至匀滑（图3.312）。

⑦端离火位，加入熟蟹肉，下蛋白和匀，回炉下包尾油和匀，盛入汤窝中即成（图3.313）。

图3.307

图3.308

图3.309

图3.310

图3.311

图3.312

图3.313

【技术要领】

①掌握牛肉片的腌制方法。

②掌握牛肉蓉的刀工要求。

③汤微滚时才推芡。

④端离火位后，一边下蛋白一边推成蛋蓉状。

【质量要求、烹调应用】

①质量要求：味鲜香，推蛋白成白芡，牛肉蓉能够浮于汤羹面，汤羹芡的稀稠程度合适。

②烹调应用：鲜虾烩冬蓉、虾子烩豆腐。

学习笔记

【任务评价】

主要原料	菜肴名称	评价要求	配分	得分
牛肉片、熟蟹肉、蛋白、淡汤、湿粉等	西湖牛肉羹	1. 准备好加工所需的工用具	5	
		2. 工衣、围裙、工帽、工鞋洁净，穿着规范	10	
		3. 选料合理，原料配搭合理	15	
		4. 刀工规格正确，操作熟练，成率符合要求	25	
		5. 菜肴成品芡色、味道、造型符合要求	25	
		6. 操作符合卫生要求	10	
		7. 在规定时间内完成任务	10	
得分			100	

【任务作业】

完成实训报告。

【任务视频】

任务视频

红烩法：三丝烩鱼肚

【任务准备】

原料准备：鱼肚丝400克，笋丝75克，肉丝50克，湿冬菇丝25克，韭黄段50克，姜片10克，葱条15克，上汤1250克，淡汤750克，精盐6克，味精5克，老抽3克，绍酒20克，麻油2克，胡椒粉0.5克，湿粉30克，食用油50克（图3.314）。

图3.314

【任务实施】

①鱼肚（花肚）用油炸发，捞起，滤去油，放入清水中浸没至软身（图3.315）。

②用适量食用枧水洗去花肚中的油，漂水，反复多次。用白醋拌匀后，再次漂洗干净鱼肚。将鱼肚切成中丝，备用（图3.316）。

③笋切成幼丝，枚肉切成中丝，湿冬菇切成丝，韭黄切成段（图3.317）。

④笋丝、湿冬菇丝用沸水滚过，鱼肚用淡汤先滚后煨（图3.318）。

⑤猛火烧镬下油，肉丝拉油至刚熟，滤去油，随即溅酒，下上汤，下笋丝、湿冬菇丝、肉丝、鱼肚丝，调味调色。汤微滚时，用湿粉勾芡，加入包尾油、韭黄拌匀，盛入汤窝中即成（图3.319）。

图3.315

图3.316

图3.317

图3.318

图3.319

学习笔记

【技术要领】

①掌握鱼肚的干货涨发方法。
②洗净发鱼肚的油。
③刀工均匀。
④掌握汤水与原料的比例。
⑤汤微滚时，推汤羹芡。

【质量要求、烹调应用】

①质量要求：汤香味鲜，爽嫩柔滑，浅红芡色明亮。
②烹调应用：拆烩红鸭丝、蝴蝶海参羹。

【任务评价】

主要原料	菜肴名称	评价要求	配分	得分
鱼肚丝、笋丝、湿冬菇丝、肉丝、韭黄段、淡汤、湿粉等	三丝烩鱼肚	1. 准备好加工所需的工用具	5	
		2. 工衣、围裙、工帽、工鞋洁净，穿着规范	10	
		3. 选料合理，原料配搭合理	15	
		4. 刀工规格正确，操作熟练，成率符合要求	25	
		5. 菜肴成品芡色、味道、造型符合要求	25	
		6. 操作符合卫生要求	10	
		7. 在规定时间内完成任务	10	
得分			100	

【任务作业】

完成实训报告。

【任务视频】

任务视频

项目19 烹调技法：清

【任务描述】

在中餐厨房后镬岗位中，烹调技法中清的技术，属于后镬岗位的工作内容。要重点掌握清的制作原理、制作方法、原料配搭、刀工方法、火候运用、上汤运用、调味方式、操作要领、菜肴品种的变化等。

【学习目标】

①了解清的原理。
②了解清制菜肴的特点。
③掌握清制菜肴的火候。
④掌握清制的调味技术。

【素质提升】

培养学生良好的职业道德，培养学生为餐饮事业发展作贡献的精神。

一、清的含义

清，是指将加工好的主料滚煨至透，部分原料勾芡后放在汤窝底，加入火腿丝，烧上汤调味，淋入汤窝成为汤菜的烹调方法。

二、清的主要特点

①汤清鲜，使用上汤。
②主料爽滑，部分需要勾芡。
③没有配料，没有固定的料头。
④原料多经过滚煨的处理加工。

三、清的操作要领

①没有固定的料头，没有配料。
②需要勾芡时，注意芡的量和芡的稀稠程度。
③使用的是味鲜而香的上汤。
④烧上汤时，汤不能大滚。
⑤撇去上汤的泡沫和浮油。

【任务作业】

①清的含义是什么?
②清的主要特点是什么?
③清的操作要领是什么?

项目20 烹调技法：川

学习笔记

【任务描述】

在中餐厨房后镬岗位中，烹调技法中川的技术，属于后镬岗位的工作内容。要重点掌握川的制作原理、川的制作方法、原料配搭、刀工方法、火候运用、上汤运用、调味方式、操作要领、菜肴品种的变化等。

【学习目标】

①了解川的原理。
②了解川制菜肴的特点。
③掌握川制菜肴的火候。
④掌握川制的调味技术。

【素质提升】

引导学生遵守国家的法律法规，遵守餐饮行业的法律法规，强化职业操守和法治观念。

一、川的含义

川，是指将主料经过飞水、蒸至熟，放在已滚煨过的配料之上，摆砌整齐，加入火腿片、短菜远，然后烧上汤调味，淋在汤窝中成为汤菜的烹调方法。

二、川的主要特点

①有固定的川汤料头。
②一定要使用上汤。
③汤面不能有浮面。
④汤清而不浊。
⑤不下芡粉。
⑥口味上适宜夏秋季节。

三、川的操作要领

①川有比较固定的料头，其汤料的构成是：笋花、草菇片、火腿片、短菜远。
②川使用的是味鲜而香的上汤。
③烧上汤时，汤不能大滚。
④撇去上汤的泡沫和浮油。

【任务作业】

①川的含义是什么?
②川的主要特点有哪些?
③川的操作要领是什么?